Unsere Mäuse

in ihrer

forstlichen Bedeutung

nach amtlichen Berichten

über den Mausefrass im Herbst, Winter und Frühling
1878—79 in den preussischen Forsten

sowie nach eigenen Untersuchungen

dargestellt

von

Dr. Bernard Altum,

Professor an der Forstakademie Eberswalde und Dirigent der zoologischen
Abtheilung des forstlichen Versuchswesens in Preussen.

Berlin 1880.

Verlag von Julius Springer,

Monbijouplatz 3.

ISBN-13: 978-3-642-98887-5   e-ISBN-13: 978-3-642-99702-0
DOI: 10.1007/978-3-642-99702-0

Vorwort.

Vorliegende kleine Schrift verdankt ihre Entstehung zumeist den aus 336 preussischen Oberförstereien auf Veranlassung der hiesigen Hauptstation des forstlichen Versuchswesens in Preussen erstatteten Berichten über die letztverflossene Mausekalamität, welche Berichte noch durch Hunderte von Frassstücksendungen besonders erläutert wurden.

Die Verarbeitung dieses umfangreichen Materials lohnte sich reichlich durch die gewonnenen Resultate. Insbesondere bot die genaue Untersuchung der Frassstücksendungen, welche für einen einzelnen zu erforschenden forstzoologischen Gegenstand in dieser Menge wohl kaum je vorher zusammengekommen sind und vielleicht wohl nicht sobald wieder zusammen gebracht werden, des Belehrenden gar viel, zumal da nicht wenige Berichte mit sichtlich grossem Interesse für die Sache abgefasst sind und nicht wenige Sendungen die instructivsten Frassstücke, oft unter Beifügung der Mäuse selbst, bald im Fleische, bald als Bälge, bald sogar ausgestopft, enthielten.

Für die Veröffentlichung dieser Arbeit ist nicht unser Organ für forstliches Versuchswesen, die Danckelmann'sche Zeitschrift für Forst- und Jagdwesen, sondern die Form einer selbstständigen Broschüre gewählt, einerseits wegen des für die Monatshefte dieser Zeitschrift zu grossen Umfanges, anderseits aber und vorzüglich zum Zweck einer grösseren Verbreitung.

Allen denjenigen Herren Revierverwaltern, welche sich in besonderer Weise um Aufklärung der vorliegenden schwierigen Frage verdient gemacht haben, spreche ich hier in meinem und unserer gemeinschaftlichen Sache Namen meinen ergebensten Dank aus.

Eberswalde, den 20. December 1879.

Altum.

Inhalt.

Einleitung.

$\mathbf{Z}$u den durch die Thierwelt dem Forstmann zeitweise
drohenden Calamitäten gehört nicht in letzter Linie der
Mausefrass. Noch bis vor wenigen Jahren herrschte nichts
desto weniger über die einzelnen Arten der Mäuse und ihr
specifisches Leben und Wirken im Walde in den forstlichen
Kreisen manche Unklarheit. Und doch ist, wie überall, so
auch hier die erste Bedingung einer erfolgreichen Be-
kämpfung der Feinde die genaue Kenntniss derselben und
ihrer Kriegsführung. Die Aneignung einer solchen stösst
aber gerade hier auf erhebliche Schwierigkeiten. Das Insect
lässt sich tausendmal am Orte seiner Zerstörung beobachten
oder aus der Larve erziehen. Man kennt zahlreiche Forst-
beschädigungen der Insecten specifisch genau aus ihrer Ge-
stalt, ihrem Verlaufe, der Holzart, an welcher sie vorkommen,
u. dergl., von allem diesem aber nur sehr wenig bei den
Mäusen. Wir haben uns dieser Kenntniss in letzter Zeit
allerdings in ganz allmählichen Schritten nähern können,
allein ohne die Ueberzeugung zu besitzen, im Grossen und
Ganzen zum Abschlusse dieses schwierigen Themas gekommen
zu sein. Die verborgene Lebensweise, das flüchtige, heim-
tückische Verfahren dieser lichtscheuen Thiere bei ihrem
Zerstörungswerke in Verbindung mit der nicht selteren
grossen Unbekanntschaft betreffs der Diagnose für die einzelnen Arten von Seiten derer, welche am meisten Gelegen-

heit haben, sie in ihrem Treiben im Walde zu beobachten, erschweren die Aufklärung gar zu sehr. Es liegt sehr nahe, jede Maus im Walde als „Waldmaus" zu bezeichnen, aber wie leicht wird man durch diese Bezeichnung auf falsche Fährte gelockt. Trotzdem hat, wie angedeutet, mancher dunkle Punkt in den letzten Jahren aufgeklärt werden können; der Herr Forstmeister Beling (Seesen) erweiterte durch zuverlässige Beobachtungen unser Wissen, und unsere Akademie erhielt manche zur Lösung einzelner Fragen wichtige Mittheilungen. Wir stehen somit nicht mehr ohne einzelne Handhaben zur sicheren Beurtheilung vieler Erscheinungen da. Sowie ich schon seit langen Jahren die Spezies der mauseartigen Thiere scharf unterscheide, so sehe ich mich auch längst nicht mehr dem „Mausefrass" als einem unbestimmten Collectivum gegenüber gestellt, sondern erkenne an recht vielen, ja an den meisten Beschädigungen die Spezies der Nager. Es war mir sogar seit Jahren fast kein Mausefrassstück mehr vorgekommen, dessen Determination zweifelhaft geblieben wäre. Ob sich diese Kenntniss von dem Leben und Wirken dieser kleinen Säugethiere und somit etwa auch von den gegen ihre Zerstörungen zu ergreifenden Massregeln aber nicht doch noch wesentlich erweitern liess, blieb eine offene Frage.

Die hiesige Hauptstation des forstlichen Versuchswesens in Preussen ergriff deshalb die Gelegenheit der letzten ausgedehnten Massenvermehrung der Mäuse, an diese Frage in grossem Stiele heranzutreten. Zu diesem Zwecke wurde durch das Finanzministerium unter dem 21. Januar v. J. an die einzelnen Königl. Regierungen bez. Landdrosteien mit Ausnahme der Regierung zu Sigmaringen ein von der genannten Hauptstation entworfener Fragebogen zur Uebermittelung an die einzelnen betreffenden Herren Revier-Verwalter gesandt mit dem Auftrage, denselben bis zum 1. April d. J. ausgefüllt direct an die Hauptstation zu senden. Derselbe hat folgenden Wortlaut:

1) „Kommt gegenwärtig im Reviere Mausefrass und

event. in welchen Beständen, in welcher Ausdehnung und an welchen Holzarten vor?

2) In welchem Grade zeigen sich die offen an Feldmarken grenzenden und fern von denselben gelegenen Reviertheile durch die Mäuse beschädigt?

3) Welche Mausearten sind auf den befallenen Flächen bemerkt bez. gefangen?

Es handelt sich hierbei vorzugsweise um drei Arten:

a. um eine kurzschwänzige und kurzohrige mit erdgrauer Oberseite, die gemeine Feldmaus (Arvicola arvalis),

b. um eine kurzschwänzige und kurzohrige mit röthlicher Oberseite, die Röthelmaus (Arvicola glareolus),

c. um eine langschwänzige und langohrige, die Waldmaus (Mus silvaticus).

Bei Unsicherheit in der Bestimmung werden Exemplare an die Hauptstation des forstlichen Versuchswesens zu Eberswalde eingesandt.

Spitzmäuse bleiben unberücksichtigt.

An die genannte Adresse werden ferner deutliche Frassstücke unter Angabe ihres Vorkommens, namentlich mit Berücksichtigung der characteristischen Verschiedenheit nach Art der Beschädigung, nach Holzart und Höhe eingesandt.“

Absichtlich ist die in ihrem Leben hinreichend bekannte und dem Walde als solchem fremde Arvicola amphibius nicht mit aufgeführt, und eben so wenig die mit wenigen Worten nicht klar zu bezeichnende Arvicola agrestis. Die dunkelgraubraune Pelzfärbung der Oberseite der letzteren lässt sich schwer scharf durch Worte veranschaulichen, ihre Aufführung konnte nur zu leicht die klare Erkennung der beiden anderen verwandten, ohne Zweifel wichtigeren Arten (arvalis und glareolus) trüben und zu Verwechselungen Anlass geben. Sicherer war jedenfalls beim Zweifel die Uebersendung des fraglichen Thieres. Und agrestis ist in der That in 14 Exemplaren als zweifelhafte Spezies eingesandt.

Die einzelnen Mausearten.

Es leben in unseren Beständen Mus silvaticus, Arvicola arvalis, glareolus, agrestis, amphibius. Von Grünwalde und Worbis ist auch Mus agrarius eingeliefert und dieselbe Art noch aus Neuhaus (Frankfurt a. O.) namhaft gemacht, einmal auch Mus musculus, nie aber Mus minutus in Frage gekommen, dagegen zweimal (Königthal, Mackenzell) Myoxus avellanarius (Haselmaus), und in Schöneiche (Breslau) sind sogar in zum Schutze der Saatkämpe in die Grabensohle eingelassenen Töpfen 8 Spermophilus citillus (Ziesel) gefangen.

Für unseren Zweck sind nur die fünf erstgenannten Arten, vielleicht auch noch Mus agrarius, von Bedeutung.

Die Arten der Gattung Mus, die ächten Mäuse, characterisiren sich durch einen schlanken, spitzschnauzigen Kopf mit schmaler Stirn, grosse Augen, grosse, weit aus dem Pelze tretende Ohren, ungefähr körperlangen, zwischen seiner schuppigen Bedeckung dünn und fein behaarten Schwanz, auf der Kaufläche stumpfhöckerige und mit feinen Wurzeln versehene Backenzähne.

Die Arten, welche uns hier interessiren, sind

1) Mus silvaticus L., die Waldmaus. Etwas grösser als dis Hausmaus; oben graulehmfarben, bald mehr lehmgelblich, bald (jung) mehr grau, Unterseite und Füsse weiss.

2) Mus agrarius Pall., die Brandmaus. Von der Grösse der Hausmaus, dreifarbig: oben röthlich braun, mit einem scharfen schwarzen Längsstreifen, unten weiss. Der schwarze Rückenstreif ist für sie auf alle Fälle bezeichnend.

Die Arten der Gattung Arvicola, die Wühlmäuse, zeichnen sich dagegen durch gedrungenen Körperbau, dicken

Kopf, stumpfe Schnauze, kleine Augen, mehr oder weniger im Pelze versteckte Ohren, kurze Beine und wurzellose, unten offene, seitlich tiefwinklig eingebuchtete Backenzähne aus. Ihr Skeletbau ist weit fester als der der ächten Mäuse und dem entsprechend nagen sie härtere Stoffe und sind nicht oder weit weniger auch auf thierische Nahrung angewiesen. — Die hier in Erwähnung kommenden Arten lassen sich folgender Weise characterisiren: (siehe Tabelle auf pag. 6)

Ein Rinden- oder gar Holznagen zum Zweck der Nahrungsaufnahme war mir bis jetzt von keiner Mus bekannt geworden. Der Herr Oberförster Boden (Bordesholm) war der erste, der mir im Laufe des vorletzten Winters (an Stechpalmenstämmchen) das Rindennagen von Mus silvaticus zur Kenntniss brachte. Diese Maus war an der betreffenden Stelle beobachtet und die Schneespuren (weite Sprünge, Eindrücke des langen nachschleppenden Schwanzes) liessen an der Species nicht im mindesten zweifeln. Bald darauf wiesen mehre Berichte den ganz unzweifelhaften sehr starken Frass derselben an Eschen nach, welche Angabe durch gleichzeitige Einsendung der betreffenden Frassstücke vollauf bestätigt wurde. Also Rindennagen kommt bei dieser kräftigsten Mus (von unseren forstlich ganz indifferenten Ratten abgesehen) denn doch vor. Allein das werden stets nur glatte saftige Rinden sein, an denen sich die Waldmaus vergreift. Ein Holznagen ihrerseits ist meines Wissens bis jetzt noch völlig unbekannt. Sonst ernährt sie sich, wie die Arten dieser Gattung überhaupt, von Sämereien, weicheren Früchten, sowie von thierischen Gegenständen (Larven, Puppen, Gewürm u. dergl.). Durch Verzehren von Baumsämereien, besonders von Eichen- und Buchenmast, kann sie bei starker Vermehrung erheblich schaden. Von den übrigen Arten der Gattung Mus hat der Forstmann schwerlich etwas zu fürchten. Ausgeschlossen ist nun freilich nicht, dass nicht auch einmal eine andere ächte Maus, etwa die Brandmaus (M. agrarius) oder gar die Hausmaus (M. musculus), sich in geringem Grade und ausnahmsweise an den Bucheln und

Art:	Ohr	Sohle der Hinterfüsse	Schwanz	Pelz	Total-länge
1) glareolus	Von halber Kopfeslänge, deutlich aus dem Pelze hervorragend, inwendig ein langer Haarstreif, Vorderrand aussen bis zur Mitte lang behaart.	6 Wülste, in der hinteren Hälfte behaart.	$1/_2$ Körperlänge, zweifarbig.	Scharf abgesetzt zweifarbig, oben braunroth, unten weisslich.	15 Cm.
2) amphibius	$1/_4$ Kopfeslänge, im Pelze versteckt, Haarstreif dicht und lang, Vorderrand aussen bis zur Mitte lang behaart.	5 Wülste, quer vor der nackten Ferse behaart.	$1/_2$ Körperlänge, einfarbig.	Einfarbig, unten heller, in der Farbe sehr variabel.	20 Cm.
3) agrestis	$1/_3$ Kopfeslänge, wenig aus dem Pelze hervorragend, der Streif langer Haare schwach, Vorderrand aussen bis zur Mitte lang behaart.	6 Wülste, hinter denselben behaart.	$1/_3$ Körperlänge, zweifarbig.	Undeutlich zweifarbig, oben dunkel graubraun (schmutzig kastanienbraun), unten grauweiss.	13 Cm.
4) arvalis	$1/_2$ Kopfeslänge, wenig aus dem Pelze vorragend, ohne Haarstreif, Vorderrand aussen nur an der Basis lang behaart.	6 Wülste, dicht behaart.	$1/_3$ Körperlänge, oben mit braunen und weissen Haaren gemischt.	Undeutlich zweifarbig, oben schmutzig gelblich grau, unten weisslich.	13 Cm.

Eicheln im Schuppen des Forstmanns, die erstere jedoch vielleicht auch an Eschenrinde vergreift. Die zarte Zwergmaus (M. minutus) dagegen wird wohl nie dem Forstmann lästig werden können.

Für die Beschädigung der Holzpflanzen durch Mäuse kommen folglich ausser jener Waldmaus nur die Arvicola-Arten, die „Wühlmäuse", in erster Linie in Frage.

Bedingungen ihres Auftretens in den Beständen.

Die abweichend maulwurfsartig lebende Arv. amphibius unberücksichtigt, verlangen sämmtliche Arten mehr oder wenige dichte Verstecke am Boden. Sie wollen verworrenes Gestrüpp, dichten Aufschlag, hohen Grasfilz, altes niederliegendes Gras, hohlliegenden Laubabfall, überhaupt einen Bodenüberzug, unter dessen Schutz sie sich bewegen, in dem sie bei ihren zahlreichen Feinden jeden Augenblick verschwinden können. Hier haben sie ihre flachen Gänge, nicht tief unter diesem Ueberzuge stehen ihre Nester. Hierhin ziehen sie sich zusammen, hierhin wandern sie durch arge Beunruhigung aus ihren früheren Wohnsitzen vertrieben. Wir können sie fast mit Sicherheit in unseren Beständen erwarten, wenn solche Schlupfwinkel, z. B. hoher dichter Graswuchs, in denselben plötzlich entstehen. Solches ist z. B. in unseren Nadelholzbeständen nach starken Raupenfrassen, etwa des Kiefernspinners oder der Nonne, regelmässig der Fall, und zwar wegen des bei der starken Kronenlichtung plötzlichen grossen Lichteinfalles in Verbindung mit der eben so plötzlichen starken Düngung des Bodens durch die Excremente der Raupen. Wo der Waldboden den Mäusen diese Verstecke nicht bietet, ist daselbst auch vom Mausefrass nichts zu fürchten. Diese allgemein bekannte Bedingung ihres Aufenthaltes bestätigt fast jeder Bericht und wir können sie unbedingt als die Hauptbedingung hinstellen. Zumal auch bei Schneelage, welche hier den Mäusen die Passage am Boden nicht oder nur wenig beeinträchtigt, tritt die hervorragende Bedeutung des dichten Bodenüberzuges recht augenfällig hervor. Sind an solchen mit jungem Auf- und Ausschlag, Graswuchs u. dergl. bedeckten Stellen noch alte, hohl ausgefaulte Buchenstöcke vorhanden, so dienen diese ihnen wohl als besonders bevorzugte Sitze. Auch künstlich hergerichtete Bodendecken ziehen die Mäuse an und halten sie ebendaselbst fest. Dahin gehört schon nach älterer Erfahrung Deckreisig in Kämpen. Der Herr Oberförster Frhr. v. Huene (Homburg v. d. H.) bemerkt in seinem ausführlichen Berichte, dass auf solchen Beeten die verschulten dreijährigen Buchen stark benagt wurden, welche mit verrottetem Laube nach der Verschulung gedeckt waren. Nur vereinzelt fanden sich auf diesen Beeten Mauselöcher und unter die Erde gehende Gänge, dagegen massenhaft Laufgräben und Kammern in dem Laubcompost. Aehnlich sind nach dem Berichte des Herrn Oberförsters Eberts im Revier Castellaun einjährige Sämlinge, welche zum Schutze gegen Auffrieren mit einer starken Laubschicht bedeckt worden waren, in einzelnen Saamenbeeten in ganz erheblicher Ausdehnung von den Mäusen durchbissen. Im ganzen Revier ist sonst kein auffallender Mausefrass aufgetreten.

Allein nicht alle Arten sind in gleichem Grade und überall an solche Bodenüberzüge gebunden.

Am engsten klammert sich an diese Terrainbeschaffenheit die gemeine Feldmaus, Arvicola arvalis. Sie scheuet es unter allen Umständen, sich auch nur vorübergehend frei zu zeigen. In jenem Laubcomposte hauste sie vorzugsweise. Unter der Schneedecke ist es ihr im Bestande besonders behaglich, hier treibt sie, ohne ihre Anwesenheit anders als durch Luftlöcher im Schnee zu verrathen, ihr Zerstörungswerk zur bitteren Ueberraschung des Forstmannes nach Abgang des Schnees. Auf grösseren frei liegenden Culturen weiss sie ganz genau die einzelnen mit altem hohen niederliegenden Grase bedeckten Stellen aufzufinden. Hier zeigen sich dann nach Entfernung des Schnees ihre zahlreichen flachen, halb freiliegenden Gänge, hier dann leider auch ihre

Forstfrevel, wogegen an den nur ganz kurz benarbten, theilweise unbewachsenen, von Graswuchs freien Plätzen auch nicht eine Pflanze angegriffen ist. Im Reviere Freienwalde a. O. hat der dortige Oberförster Herr Runnebaum auf einzelnen solchen grasfilzigen Stellen, namentlich dort, wo das durch den Schnee niedergedrückte alte Gras den Mäusen einen besonders willkommenen Schutz gewährt hatte, das stark angenagte Material an drei Stellen im Jagen 34 ausschneiden und zählen lassen; es betrug pro Ar 226, bez. 258, bez. 405 Pflanzen. In anderen Revieren ist an solchen Stellen fast der ganze Bestand vernichtet, an freien dagegen kaum eine einzelne Pflanze angegriffen. Diese Maus ist es auch, welche im Herbste durch die auf dem Felde vorgenommenen Erntearbeiten, durch das Abernten von Frucht- und Wiesenflächen, Neubestellen der Ackerfelder u. dergl. beunruhigt sich von dort aus in die angrenzenden Bestände mit schützender Bodendecke zurückzieht. „Nachdem im vorigen Herbste", berichtet wörtlich Herr Oberförster Habenicht (Worbis), „die bittersten Klagen über die Beschädigung der Saaten durch Mäuse bei den Landwirthen laut wurden, durfte auch der Buchenzüchter darauf vorbereitet sein, mit dem Eintritt des Winters die jungen Schonungen von den kleinen, in dem massenhaften Auftreten verderblich wirkenden Nagethieren bevölkert zu sehen. Schon in den Monaten September und October regte sich's im Walde an allen Enden, und wer lauschend nach Wild auf seinem Stande weilte, konnte zur Genüge wahrnehmen, wie bald hier bald dort eine Maus über das dürre Laub huschte." Bei der leichten Beweglichkeit der Mäuse, ja bei der den meisten zukommenden und gerade bei Massenvermehrung sich äussernden Neigung zum Wandern gehen sie nun tiefer in die Forstreviere hinein, und können, wenn sie sich auch zunächst nur in die verwachsenen Waldränder und Gräben zurückgezogen hatten, doch sehr bald ein oder anderes Jagen vom Feldrande entfernt zahlreicher auftreten, als in der unmittelbaren Nähe der Feldmarken. Bodenüberzug in Verbindung mit dem

Vorhandensein reichlicher Nahrung führt sie fort. Mehrfach ist auch constatirt, dass sie durch die Mast direct in die Wälder gelockt sind.

Der gemeinen Feldmaus in ihrer Vorliebe für dichten Bodenüberzug steht die Röthelmaus, Arvicola glareolus, am nächsten. Sie ist keine Maus der freien, offenen, weit ausgedehnten Wiesen-, Acker-, überhaupt Feldflächen, sondern eine dem Walde angehörende Art, ihre Benennung „Waldwühlmaus" daher sehr bezeichnend. Sie klettert gern; arvalis dagegen klettert an glatten, zweigfreien Stämmchen nie empor; sie nagt daher, soweit der dichte Bodenüberzug, bez. die Schneedecke reicht, und steigt nur bei sperrigem, buschigem Wuchse der Pflanzen an den Zweigen, gleichsam wie an Leitersprossen, etwa 0,3 M., selten höher empor. „Findet man Heister und Loden nur am Gipfel befressen, so sind die Stämme seiner Zeit vom Schnee zur Erde gebogen gewesen", behauptet sogar Herr Oberförster Boden. Dadurch wird der Aufenthalt beider Arten etwas modificirt. Auf Flächen mit geradschaftigen Pflanzen und nicht stark verwachsenem Boden finden wir glareolus, nicht aber arvalis.

Die beiden verwandte Arvicola agrestis habe ich vorwiegend dort gefunden, wo der Boden nur lückig bewachsen war, aber mit Gestrüpp, welches sich in geringer Höhe über demselben mehr oder weniger schloss. Sie liebt feuchten, frischen Boden. Dort, wo Eschen gut gedeihen, auf nicht zu nassem Erlenboden, der einzelne höhere Graskaupen, am Rande Dorngebüsch und dergl. enthält. Auch an feuchten Gräben, an deren Böschungen Reiserhaufen liegen, Brombeeren ranken u. a., habe ich sie wiederholt gefangen. Sie bildet nach ihrem Vorkommen in mehrfacher Hinsicht zu arvalis einen Gegensatz, welche jedenfalls die trockenen Stellen vorzieht. Ob sie klettert, war mir bis jetzt unbekannt geblieben. Rindenfrass an glattschaftigen Weisserlenloden in unserem „Schlangenpfuhl", den ich aus zwingenden Gründen schon seit Jahren ihr zuschrieb, befindet sich nur tief, soweit nämlich der Graswuchs die einzelnen Stämme umgab. Allein unter dem massenhaften Frassmaterial, was bei Veranlassung dieser letzten Calamität hierher gelangte, finden sich zahlreiche Beschädigungen, die weder auf amphibius, noch auf arvalis oder glareolus zu deuten sind, wofür folglich einzig agrestis übrig bleibt, so dass, auch ohne die aus 8 Revieren mit eingesandten Mäuse dieser Art und zwar zum Theil nur allein diese, die Frage nach ihrer vielseitigen und erheblichen Schädlichkeit nur bejaht werden konnte. Nach diesen Frassobjecten schneidet sie sowohl tief ab, als auch klettert sie, wenngleich nur in beschränkter Weise. Sie schadet zumeist tief am Boden, was u. a. auch die durch Herrn Oberförster Roloff (Warnow) als sehr wahrscheinlich constatirte Beschädigung einer Kieferncultur auf graswüchsigem Boden durch sie bestätigt.

Am wenigsten dauernd und enge an dichten niedrigen Bodenüberzug gebunden ist wohl die eigentliche Waldmaus, Mus silvaticus. Sie kommt bei Mast auch da zahlreich vor, wo der Boden mit raschelndem Buchenlaube, sonst aber nicht mit niedrigem bergenden Pflanzenwuchs bedeckt ist. Freilich sind auch dann in der Regel Dickungen nicht sehr fern, welche von dieser schnellfüssigsten aller Mäuse („Springmaus") von ihren Weideplätzen aus leicht erreicht werden können, oder sie hat in der Nähe, etwa am Fusse stärkerer Stämme oder an irgend einer Bodenunebenheit die Mündungen ihrer Röhren, in denen sie beunruhigt rasch zu verschwinden vermag. Ihre, der arvalis gegenüber, mehr freie Lebensweise bestätigen auch die bei Schneelage gemachten Beobachtungen des eben bereits erwähnten Herrn Oberförsters Boden (Bordesholm): „Der Waldmausfrass zeigte sich hauptsächlich im geschlossenen Baumorte mit Hülsenunterbusch. Die Waldmäuse wandern über den Schnee; deutlich kann man ihre Fährte von einem Busche zum anderen, oft Hunderte von Schritten weit, verfolgen. Die Sprünge sind bis 50 cm. weit gemacht, und lässt der lange Schwanz regelmässig seine Abdrücke im Schnee zurück." Auf unsere Waldmaus bezieht sich auch wohl folgender Passus

in dem Berichte des Herrn Oberförsters Freiherr v. Huene:
„Die Wipfeltriebe (Buchen) sind auf jener Cultur so massenhaft verbissen, dass man anfänglich die Hasen für den
Schaden verantwortlich machen wollte, während die genaue
Untersuchung des Abbisses die Nagezähne der Maus deutlich
erkennen liess, die also auf dem Schnee an die Spitzen
der Triebe hingelangt war". Ich muss es bestätigen, dass
weitaus zumeist die Mausespuren auf der Schneedecke der
Waldmaus angehören. Sie klettert ferner nicht ungeschickt,
steigt gern in alten hohen Baumstämmen empor und lugt
dann wohl neugierig aus einem hohen Astloche; man hat
sie an den Zweigen älterer Linden mit dem Ablesen der
Früchte beschäftigt gesehen; glatte Eschenheister sind nach
den vorliegenden Berichten und Frassstücksendungen bis
5 M. hoch von ihr entrindet. Hr. Obf. Boden will dagegen aus dem Umstande, dass sie starke Hülsen (Stech-
palmen) nicht am Stamm erklommen, sondern die bis zum
Schnee reichenden dünnen Aeste als erste Angriffspunkte
benutzte und auch nicht hoch ging, schliessen, dass sie eine
vorzügliche Kletterin nicht sei. Jedoch jene positiven Thatsachen, vor allem der zahlreiche, bis dahin unbekannt ge-
bliebene Rindenfrass an den sehr glatten jungen Eschen
spricht gar sehr für ihr ausgezeichnetes Klettervermögen.

Die Wühlratte oder Mollmaus, Arvicola amphibius,
kann wegen ihrer singulären unterirdischen Lebensweise, für
welche sie freie oder doch lückig, namentlich mit Kraut-
pflanzen bewachsene Flächen vorzieht, nicht an dieser Stelle
zur Sprache gebracht werden; über sie am Schlusse dieser
ganzen Abhandlung noch näheres.

Bedingung ihrer Massenvermehrung.

Sämmtliche Mausearten sind sehr fruchtbar. Sie werfen
jährlich vier- bis fünfmal etwa 5—6, ja sogar wohl 8 bis
10 Junge, steigern folglich ihre Anzahl enorm rasch zu
einer bedrohlichen Massenvermehrung, wenn die normalen

Gegengewichte gegen sie in der freien Natur zeitweilig zurücktreten. Unser diesen ist das gewaltigste, am meisten durchschlagende die feindliche Witterung, besonders in den Uebergangszeiten, namentlich vom Winter zum Frühlinge. Auch zur Sommerszeit können häufige heftige Regengüsse oder andauernde kalte Nässe Brut auf Brut vernichten, sowie auch ein schneefreier scharfer Winterfrost sie stark decimirt. Am meisten aber erliegen sie, wenn im Frühlinge Nässe und Frost wechseln. Ist der Boden gefroren und schmilzt darauf reichlicher Schnee, so können sie sich vor dem nicht ablaufenden und nicht einsickernden Wasser im Boden nicht schützen. Tritt nun gar wiederum Frost ein, so sind sie überall von Eis umgeben. Solche wechselnden Witterungs- und Temperaturverhältnisse können bei uns, wenn auch nicht gerade in der eben dargestellten Schärfe, zur Zeit des scheidenden Winters als Regel angesehen werden; gar oft treten sie sogar mitten im Winter ein. Ist aber dagegen ausnahmsweise ein Winter frostfrei, folgen sich wohl gar zwei aussergewöhnlich milde Winter, wie 1876/77 und 1877/78, so ist das die sicherste Prognose für eine drohende Mausecalamität. Raubthiere können alsdann nicht mehr helfen, selbst wenn sie, wie die Sumpfohreule im vorletzten Herbst, aus fernen Gegenden unsere einheimischen Mausefresser kräftig unterstützen. Die letzte Mausekalamität war folglich als eine sehr weit verbreitete nach einem so beispiellos milden Winter, wie der von 1877/78, mit Sicherheit vorauszusehen.

Verbreitung der Calamität.

Wenn nachstehend eine Uebersicht über die Verbreitung des Mausefrasses in den preussischen Forsten während dieser letzten Vermehrung gegeben wird, so sei zuvörderst bemerkt, dass sich ein so einheitliches geographisches Bild darin nicht herausstellt und auch kaum je herausstellen kann, als etwa bei einer Darstellung der vom Kiefernspinner oder von der Nonne befressenen Flächen. In den letzten Fällen handelt es sich stets um nur eine einzige Insectenspezies, die ja denselben Lebensbedingungen an den verschiedensten Oertlichkeiten unterworfen ist; in unserem Falle aber kommen fünf Spezies, oder nach Ausschluss der A. amphibius, doch vier Arten zur Geltung, welche durchaus nicht alle unter gleichen Bedingungen auftreten und gedeihen. „Maus und Mausefrass" bleiben Collectivbezeichnungen, während die Natur nur mit einzelnen Individuen, die artlich zusammen gehören, operirt. Wollten wir als Gegenstück von „Mausefrass" die Verbreitung von „Raupenfrass" oder specieller „Kiefernraupenfrass", an dem sich ein halbes Dutzend Arten, die eine vorwiegend hier, die andere dort, betheiligen, für einen insectenreichen Sommer darstellen, so würde sich ebenfalls schwerlich eine auffällige Gesetzmässigkeit ergeben. Es sei ferner bemerkt, dass die Felder in der Nähe der Bestände zuweilen von Mäusen wimmelten, während diese frei blieben, dass also aus einer Vacat-Anzeige für die Forsten nicht stets Gleiches für die Gegend überhaupt gefolgert werden kann. Es kommt hinzu, dass im letzten Frühlinge die hohe und so lange anhaltende, namentlich in den Gebirgen gar nicht weichende Schneedecke den Frass und seine Intensität bis zum 1. April, dem Termin der Einsendung der Berichte, gewiss nur ungenau erkennen liess. Manche Berichte mussten aus diesem Grunde über diesen Termin hinaus verschoben werden. Der Frass, welcher zum grössten Theile tief im Grase an den dicht stehenden Holzpflanzen überhaupt nicht so leicht im Vorübergehen zu erkennen ist, muss jedenfalls sowohl nach Ausdehnung als nach Stärke bedeutender angenommen werden, als die nachfolgende Darstellung zeigt.

Trotzdem aber dürfte dieselbe einiges Interesse in Anspruch zu nehmen geeignet sein.

			stark	erheblich	schwach	kaum	nicht	
Ostpreussen . . .	Königsberg	in	9	3	1	1	.	Revieren
	Gumbinnen	in	3	.	4	.	.	„
Westpreussen . . .	Danzig	in	.	.	1	1	7	„
	Marienwerder	in	.	1	1	2	2	„
Brandenburg . . .	Potsdam	in	.	7	1	.	1	„
	Frankfurt a. O.	in	1	3	2	1	5	„
Pommern	Stettin	in	4	3	1	.	2	„
	Coeslin	in	.	2	4	.	4	„
	Stralsund	in	3	2	.	.	1	„
Posen	Posen	in	.	1	1	.	.	„
	Bromberg	in	.	.	2	1	.	„
Schlesien	Breslau	in	.	1	2	.	2	„
	Liegnitz	in	.	.	.	.	1	„
	Oppeln	in	.	.	.		2	„
Sachsen	Magdeburg	in	.	2	7	1	1	„
	Merseburg	in	.	2	2	.	6	„
	Erfurt	in	2	1	3	.	4	„
Schleswig-Holstein .	Schleswig	in	6	5	1	.	.	„
Hannover	Hildesheim	in	3	4	1	.	1	„
	Hannover	in	7	5	5	1	7	„
	Lüneburg	in	2	2	3	1	.	„
	Stade	in	.	.	.	.	1	„
Westfalen	Minden	in	1	5	1	.	2	„
	Münster	in	.	.	1	.	.	„
	Arnsberg	in	.	1	1	.	.	„
Hessen-Nassau. . .	Cassel	in	10	18	15	10	30	„
	Wiesbaden	in	3	3	10	5	12	„
Rheinprovinz . . .	Coblenz	in	.	1	2	4	3	„
	Düsseldorf	in	.	.	2	1	1	„
	Cöln	in	.	.	1	.	1	„
	Trier	in	.	2	.	.	.	„
	Aachen	in	1	2	1	1	3	„
		in	55	76	76	30	99	Revieren.

Unter „starkem" Frasse ist vorstehend ein solcher verstanden, welcher nach den betreffenden Berichten arge Zerstörungen, theilweise bis zur vollen Vernichtung der Culturen oder Schonungen, angerichtet hat; unter „erheb-

lichem", wenn durch denselben wirklicher Schaden entstand, welcher aber durch Auspflanzen und sonstige Nachbesserung ohne bedeutende Opfer zu heben ist; die beiden folgenden Frasskategorieen „schwach" und „kaum" fallen wirthschaftlich nicht ins Gewicht. Die Beschädigung einzelner Pflanzen oder die Vernichtung von unbedeutenden Samenmengen hat für den Bestand keine weiteren nachtheiligen Folgen. Scharf lassen sich freilich diese Grade nicht auseinander halten und es wird sich beim Ergrünen der Vegetation gewiss oft herausgestellt haben, dass die Bezeichnung der Frassintensität in den Berichten zu niedrig gegriffen war. Auch hat ohne Zweifel manches als frassfrei bezeichnete Revier doch später noch Beschädigungen erkennen lassen.

Nach Vorstehendem sind 131 Reviere durch Mausefrass mehr oder weniger wirthschaftlich bedeutend beschädigt, 106 unbedeutend, 99 gar nicht.

Am relativ stärksten haben die ostpreussischen und die schleswig-holsteinschen Reviere gelitten; diesen schliessen sich die brandenburgischen und die pommerschen an; weniger schon ist Hannover von der Plage heimgesucht worden; dann folgt Hessen-Nassau, von dessen vorstehend verzeichneten 116 Revieren nur 34 bedeutend beschädigt sind. Der äusserste Westen, namentlich die Rheinprovinz scheint am wenigsten gelitten zu haben. Dass allgemeine Gesetz, dass der norddeutsche Osten stärker unter durch Thiere hervorgerufenen Calamitäten zu leiden hat als der Westen, bestätigt sich also auch bei dieser Mauseplage. Eine auffallende Ausnahme macht hier jedoch nach den Berichten Westpreussen, das gleichsam als Oase zwischen Ostpreussen und Pommern auftritt. Die Anzahl der aus Posen und Schlesien eingesandten Revierberichte reichen leider für ein auch nur in etwa zuverlässiges Urtheil nicht aus. Allein dieser Mangel in der Berichterstattung lässt vermuthen, dass die Calamität daselbst nicht bedeutend auftrat.

Die forstlichen Beschädigungen der Mäuse.

1. Zerstörung von Waldsämereien.

Aus 68 Revieren wird über namhafte Zerstörung der
Baumsämereien durch Mäuse während der letzten Massenvermehrung berichtet. In 57 Fällen sind Eicheln, in 18
Bucheln, in 3 ist Fichtensamen und in einem Falle Kiefern-
samen erheblich zernagt. Bald wurde die Mast, Eichel-
wie Buchelmast, bald die Saat, und zwar sowohl auf Beeten
in Kämpen, als auch die Freisaat, Plätze-, Rillen- wie Vollsaat arg geschädigt. In einzelnen Revieren, z. B. Mulartshütte, waren Eicheln und Bucheln vor den Mäusen nicht
aufzubringen. Hier, wie auch anderswo (Wellerode u. a.)
wurde die Röthelmaus gefangen. Wenn die Berichte, in
denen ohne Unsicherheit in der Determination eine bestimmte
Mausespezies namhaft gemacht wird, allein berücksichtigt
werden, so nimmt neben der genannten glareolus noch Mus
silvaticus eine hervorragende Stelle als Samenzerstörer ein.
Beide, namentlich letztere, sind weniger strenge an dichten,
schützenden Bodenüberzug gebunden und wagen sich daher
eher auf freie Saatplätze, in die Gärten und Kämpe als
A. arvalis. Beide im Verein haben in St. Goarshausen
50 pCt. der Eichelsaaten zerstört. Von beiden Arten ist
ohne Zweifel silvaticus der schwächste Nager. Hat sie deshalb die Auswahl, so zieht sie die zarteren Bucheln den
Eicheln vor. Im Revier Orb zerstörte sie die Saatbucheln,
während auf demselben Kamp die Saateicheln verschont
blieben. Auch ist ihr wohl aus gleichem Grunde der Zu-
stand des Keimens erwünscht. Im Revier Uchte vernichtete
sie in Saatkämpen die Bucheln und Eicheln im Frühjahr 1878,
welche stark im Keimen begriffen waren Bei Freisaaten
dagegen und bei Mast, woselbst der Bodenüberzug der A.
arvalis zusagt, wird diese Art ebenso verderblich. So zog
sie sich im Revier Weilmünster in Menge von den leeren
Feldern in die angrenzenden Waldungen zurück. Gerade

aber in diesen Vorwäldern, welche von dem Sturm vom 12/13. März 1876 hauptsächlich Noth gelitten, liess der Herr Oberförster Franz im vorigen Herbste sehr bedeutende Eichelsaaten, mitunter auf Flächen von 8 ha. ausführen, und gerade solche haben die in grosser Menge vorhandenen Feldmäuse durch Aufzehren der Saateicheln aufs äusserste beschädigt, ja manche Culturen, namentlich bei platzweise ausgeführter Saat, gänzlich zerstört. Im Revier Chauseehaus sind nach dem Berichte des Herrn Oberförster-Candidaten Wegener die in der Nähe der Felder und in den Schälwaldungen gelegenen Eichelsaaten ziemlich als vernichtet zu betrachten. „Im November, sofort nach Ausführung der Eichelsaaten, welche sämmtlich nach der Gentschen Methode, also in Mittelriefen, vollzogen wurden, begann (nach diesem Berichte) der Mausefrass und zwar so lebhaft, dass auf mehreren Culturflächen bereits nach 14 Tagen der grösste Theil der Eicheln (400 kg. pro 1 ha.) verzehrt war. Die Eicheln wurden von den Mäusen einzeln ausgegraben, so dass Loch an Loch sich zeigte, und zwar war der Erdboden bei jedem Loche nach einer Seite gescharrt. Die Mäuse, ohne Zweifel durch den Geruch geleitet, gruben senkrecht auf jede einzelne Eichel ein. Von den ausgegrabenen gesunden Eicheln blieben häufig die äusseren Schalen neben den Löchern liegen, die stockigen Eicheln stets und zwar ganz oder doch fast unversehrt.“ Als vorwiegende Mausespezies werden Arv. arvalis und glareolus bezeichnet. In der Oberförsterei Dillenburg wurden nach dem Berichte des Herrn Oberförsters Hümmerich „im Durchschnitt 20 pCt. der im Herbste ausgeführten Eichelsaaten zerstört, auffallender Weise aber diejenigen, welche in Verbindung mit einer Roggensaat auf Windbruchflächen u. dergl. zur Ausführung gekommen sind, ganz oder fast ganz verschont. Diese Flächen sind vor der Saat in derselben Weise bearbeitet worden, wie die Hauberge behufs der Getreidezucht bearbeitet werden. Die Eicheln wurden hiernach entweder mit dem Roggen zugleich mittelst des Hainpfluges untergebracht oder nach Unterbringung des Roggens mit der Hacke eingestuft." Als Zerstörer werden hier A. arvalis und glareolus genannt, die letztere wird am meisten geschadet haben. Es sei hier bemerkt, dass arvalis sehr gern die Wurzeln des Roggens verzehrt, sie also vielleicht durch diese von den Eicheln abgelenkt wurde. Der Bericht aus Lichtenau bezeichnet die Herbsteichelsaaten als durch Mäuse vollständig vernichtet. Die in Lichtschlägen eingehackten Eicheln und in Rillen untergebrachten Bucheln wurden durch solche im Reviere Freienwalde a. O. stark decimirt. — Diese Angaben mögen genügen, um den von Mäusen an Waldsämereien angerichteten Schaden und einzelne bemerkenswerthe Thatsachen, welche dabei zur Beobachtung gelangten, zur allgemeinen Kenntniss zu bringen. Hervorgehoben sei jedoch noch besonders, dass 30 mal in den Berichten ausdrücklich erwähnt ist, dass es Herbstsaaten waren, welche durch die Mäuse litten, nur ein einziges Mal (Revier Nentershausen) ist eine Frühlingssaat (Bucheln) als solche genannt.

Man kann sich bei so zahlreichen und zum Theil so äusserst heftigen Zerstörungen der Waldsämereien durch die Mäuse kaum des Gedankens erwehren, dass die nicht auffallenden, nie zu unserer Kenntniss gelangenden Vernichtungen derselben, wie sie Jahr auf Jahr von diesen Nagern ausgeführt werden, wahrhaft grossartig sein müssen. Die natürliche Besamung muss durch sie fort und fort ganz erheblich leiden. Beim Abräumen eines Haufens Kiefernkloben auf unseren Leuenberger Wiesen im vorigen Jahre fanden sich grosse Massen von eigenthümlich benagten Kiefernzapfen dort zusammengetragen und zugleich die Thäter, Arvicola arvalis, unter denselben. In einem Pflaumengarten konnte ich jahrelang unter hohlliegenden Ziegelstücken und Steinen stets händevoll an der flachen Seite ausgenagter Pflaumensteine auflesen. Ein hiesiger Gärtnerei-Besitzer hatte im vorvorigen Herbst auf einer grösseren Anzahl Beete eine Kirschkernsaat ausgeführt. Diese ist ihm durch die Mäuse vollständig ruinirt. So manche schwache Sprengmast geht unbeachtet, fast spurlos verloren. Nach eng lokalisirt vorhandener Lieblingsnahrung ziehen sich die Mäuse ausserdem noch zusammen, so dass dort auch bei stärkerem Samenabfalle von allen Keimen kaum einige gerettet werden. Von grösseren Samen kann man leicht die festeren Hüllen auffinden, der Verlust an den kleinen und kleinsten ist schwer festzustellen. Ich bin überzeugt, dass so ziemlich alle Samen unzerer Waldbäume von den Mäusen angenommen und arg gelichtet werden. Gerade diese Sämereien bilden ihre Hauptnahrung, alles Andere ist Surrogat. Wir haben viele Jahre hindurch zum Nachtheile des Bodens Blössen, wo sich derselbe ohne Mäuse allmählich durch natürliche Besamung mit Holzpflanzen sicher bedecken würde. Es fragt sich gar sehr, ob nicht die fortwährende, wenngleich fast unmerkliche Vernichtung der Waldsämereien durch die in mässiger normaler Anzahl vorhandenen Mäuse für die Wirthschaft schwerer ins Gewicht fällt, als die schnell vorübergehende zur Sturmzeit einer verwüstenden Massenvermehrung.

Zerstörung von Holzpflanzen.

Die verschiedenen Holzarten.

In den Berichten sind über 40 Holzarten namhaft gemacht, welche von den Mäusen durch Benagen der Pflanzen beschädigt sind. Von diesen ist erwähnt:

Buche	159 mal	Eberesche	9 mal
Hainbuche	96 „	Rüster (spec.?)	8 „
Eiche	78 „	Weissdorn	6 „
Esche	52 „	Linde (1mal Winterlinde)	6 „
Sahlweide („Weide")	37 „	Schwarzer Hollunder	5 „
Fichte	31 „	Wachholder	4 „
Aspe	20 „	Schwarzkiefer	4 „
Ahorn (2mal Bergahorn)	19 „	Schwarzdorn („Dorn")	4 „
Kiefer	18 „	Massholder	4 „
Birke	17 „	Stechpalme	4 „
Hasel	17 „	Faulbaum	3 „
Erle	15 „	Tanne	3 „
Lärche	13 „	Hartriegel	2 „

Elsbeere	2 mal	Obstbaum	1 mal
Traubenhollunder	2 „	Kirschbaum	1 „
Besenpfriem	2 „	Spindelbaum	1 „
Heckenkirsche	2 „	Rose	1 „
Cornelkirsche	2 „	Ohrweide	1 „
Rosskastanie	1 „	Knackweide	1 „
Weymouthskiefer	1 „	Brombeeren	1 „
Pappel	1 „		

Grad der Gefährdung der einzelnen Holzarten durch die Mäuse.

Vorstehende Reihenfolge deckt sich mit dem Grade, in welchem die verschiedenen Holzarten gern oder ungern von den Mäusen angenommen werden, keineswegs. Zuweilen ist in den Berichten eine solche Scala der Bevorzugung ausdrücklich aufgestellt. So in dem von Abtshagen: Hainbuche, Buche, Hasel, Sohlweide, Aspe, Esche, Eiche; — von Padrojen: Hainbuche, Esche, Eiche, Aspe, Weide, Hasel, Fichte, Birke, Rosskastanie; — von Scheuenhagen: Hainbuche, Buche, Weissdorn, Hasel, Eiche, Aspe, Sahlweide, Stechpalme, Esche, Ahorn, Fichte, Kiefer, Birke; — von Todenhausen: Hainbuche, Hasel, Buche, Sahlweide, Eiche, Linde, Eberesche, Elsbeere, Birke, Kirschbaum, Esche; u. a. Die oft erhebliche Ungleichheit in solchen Schätzungen ist zum Theil in örtlichen Verhältnissen begründet. Nicht in allen Revieren kommen alle Holzarten vor, und dieselben Holzarten treten in verschiedenen Revieren in äusserst ungleicher Masse und Ausdehnung auf. Eine allgemein gültige Scala der Holzarten nach dem Grade, in welchem sie dem Mausefrass ausgesetzt sind, aufzustellen; ist auch wegen der Vorliebe der einzelnen Mausespezies für besondere Holzarten unmöglich. Je nachdem arvalis, oder glareolus, oder agrestis, oder silvaticus vorherrscht, muss sofort eine andere Reihefolge der Hölzer, sowie auch eine verschiedene Intensität des Frasses auftreten. „Mausefrass" ist eben eine Collectivbezeichnung, dem man „Hasenfrass", „Rehverbiss", Biberschnitt", „Rothwildschälen", überhaupt solche thierische Beschädigungen, welche nur von einer einzigen Spezies ausgehen, nicht gegenüber stellen kann. Auch individuelle Liebhabereien können eine Unsicherheit in der Schätzung herbeiführen. Sie werden im Grossen und Ganzen jedoch nicht schwer ins Gewicht fallen, die Spezies wird sich als solche stets geltend machen. Doch bemerkt der Herr Oberförster Boden (Bordesholm), welcher nur zwei rindennagende Mausespezies, A. arvalis und M. silvaticus, in seinem Reviere feststellte, dass der Geschmack der Mäuse variirt habe. Während im Schutzbezirk Kl. Harrie die Sahlweide gern gefressen wurde, sei sie im Viehburger Gehölz bei Kiel nicht berührt. Möglich wäre es immerhin, dass dort glareolus, welche Weide und Aspe annimmt, dennoch hauste.

Trotz der angedeuteten Schwierigkeit, eine Frassscala für die „Mäuse“ aufzustellen, mögen doch einige dahin gehörige Gesichtspunkte und Thatsachen hier berührt werden.

Zunächst scheint die Akazie, die doch so sehr stark vom Hasen leidet, nicht von den Mäusen angenommen zu werden. In keinem Berichte ist sie aufgeführt, in dem des Revieres Lüchow als verschont sogar ausdrücklich bezeichnet. Auch die Traubenkirsche finde ich nirgends erwähnt; ihr Laub wird bekanntlich auch vom Maikäfer verschmähet und von der so sehr polyphagen Nonne nicht gern angenommen. — Ferner sei bemerkt, dass liegende Holzpflanzen weitaus lieber von den Mäusen benagt werden, als stehende. Gleiches finden wir auch beim Kaninchen und Hasen, sogar das nicht schälende Reh beknabbert liegendes Aspenreisig gern. Ich zweifle daran, dass stehende Aspen von A. arvalis entrindet werden (glareolus nimmt sie, wenngleich nur schwach, an); allein liegendes Reisig dieser Holzart wird auch von jener Wühlmaus nicht verschmähet. — Buche und Hainbuche werden fast überall in den Vordergrund gesetzt. Dies gründet sich auf die allgemeine Verbreitung dieser Holzarten und der sie besonders bevorzugenden beiden Wühlmausspezies, arvalis (mehr für die Buchen) und glareolus (mehr für die Hainbuchen). Bald stellt man die eine, bald die andere dieser Holzarten als am meisten von den „Mäusen" bevorzugt hin. Abgesehen davon, dass in manchen Revieren eine dieser beiden Holzarten, in ostpreussischen z. B. die Hainbuche, stark überwiegt, oder gar nur allein vorkommt, stützt sich jene Behauptung auch auf die Prävalenz der einen oder der andern Nagerspezies. Im Revier Mulartshütte ist bei gänzlicher Verschonung der Buche nur die Hainbuche benagt, hier aber auch nur glareolus gefangen. Die Buche meidet ferner feuchtes Terrain, stockt somit in einzelnen Revieren ausschliesslich auf den höher gelegenen trocknen Stellen, und in entsprechender Weise zieht auch arvalis diese jenen vor. Glareolus ist als Nager von beiden die schwächere Spezies; die trocknere festere Rinde der Buche scheint für sie zu hart zu sein und nur im Nothfalle von ihr angegriffen zu werden. — Ueber die Esche lassen sich ähnliche Bemerkungen machen. Bald wird sie in jenen Scalen unter den ersten Holzarten aufgeführt, bald tief zurückgestellt. Aus mehr als einem Grunde bleibt sie im Ganzen vom Zahne der arvalis verschont. Ganz vereinzeltes tiefes Ringeln, soweit die Pflanze im dichten Graswuchs steht, kann von arvalis herrühren. Höheres Entrinden, bis 1, 2, ja 3 bis 5 m. hoch, geschieht nur von silvaticus. Im Revier Stolp sind die 2—5jährigen Eschenverschulungen durch glareolus total ruinirt, während dort die Buchenverjüngungen nicht litten. In anderen Revieren wurden dagegen Buchen und Hainbuchen stark benagt und die Eschen verschont. Alles weist darauf hin, dass vorzugsweise die verschiedenen Nagerspezies, welche an den betreffenden Eschenorten leben, den Grad der Beschädigung bedingen. — Trotzdem, dass in manchen Revieren die Lärche in ostensibeler Weise verschont blieb, kann sie vielleicht doch die vierte Stelle einnehmen. Alt bekannt ist das arge Rindennagen an derselben durch glareolus bis hoch hinauf, und auch jetzt ist aus dem Reviere Königsthal berichtet, dass ausser anderen erheblichen Lärchenbeschädigungen die Pflanzen oft 2 bis 3 m. nur an der äussersten Spitze geschält seien. An

Mäusen wurden uns von dorther eingesandt 1 arvalis und 2 agrestis. A. arvalis ist hier der Thäter nicht, und vielleicht hieraus zu erklären, dass im Revier Brödlauken die Lärchen unversehrt blieben, während Fichten und Schwarzkiefern „sämmtlich entrindet" wurden. — Aehnliche Bemerkungen lassen sich noch über mehre andere Holzarten machen, die ebenfalls nur dem obigen Satze, dass sich für „Mausefrass" eine allgemein gültige Scala betreffs des Bevorzugungsgrades unserer Bestandeshölzer nicht aufstellen lässt, zur Stütze dienen. Genaueres über die Mausebeschädigungen an den einzelnen Holzarten gibt der folgende Abschnitt. An dieser Stelle noch Weiteres mitzutheilen, würde zu Wiederholungen führen; es möge genügen, an den vorstehenden Beispielen gezeigt zu haben, dass für Aufstellung einer genauen Stufenfolge der Frasshölzer eine Spezificirung der „Mäuse" unerlässlich ist. Ohne Kenntniss der Thäter wird man ihrer Arbeit stets den Character des Schwankenden, Unbestimmten, ja Widerspruchsvollen beizulegen alle Veranlassung haben.

Frass an den einzelnen Holzarten.

1. Buche.

Die Buche verdient aus wirthschaftlichen Gründen hier den ersten Platz. Keine Holzart von ihrer forstlichen Bedeutung leidet durch Mausefrass so sehr als sie. Wo in der Literatur über Mausecalamitäten in den Forsten Klagen laut werden, betreffen dieselben nur ausnahmsweise eine andere Holzart, und auch jetzt figurirt sie in den vorliegenden Berichten weitaus am häufigsten.

Ausser der Vernichtung der Samen der Buche, wovon oben, werden auch wohl die Keimlinge von den Mäusen abgebissen. Dass letzteres im Reviere Castellaun auf erhebliche Weise in einzelnen Saatbeeten unter einer starken Laubdecke geschah, ist bereits früher erwähnt. Dahingegen sprechen auffallende Thatsachen dafür, dass die einjährigen,

nicht selten auch noch die zweijährigen Pflanzen oberirdisch von den Mäusen vielfach verschont bleiben. Dass
durch das unterirdische Wühlen die einjährigen Pflanzen
hohlgestellt, zuweilen in Menge eingehen (Lahnhof), auch,
dass sie auf kraut- und grasreinem Boden, z. B. in Verschulungen, wohl unterirdisch abgeschnitten werden, möchte
sich nur ganz ausnahmsweise zu einem beträchtlichen
Schaden steigern; doch bemerkt der Bericht aus Stephanswalde, dass erst die gesäeten Bucheln stark vermindert und
dann auch ein grosser Theil der jungen Pflänzchen, 1 bis
2,5 cm. tief unter der Erdoberfläche oder dicht oberhalb
derselben abgebissen wurden. Ein oberirdisches Abschneiden so junger Buchenpflanzen ist, abgesehen von jenem
Fall aus Castellaun, woselbst die Mäuse unter dem Deck-
laube gehauset hatten, nur noch ganz vereinzelt, etwa in
dichten Saatrillen oder dichten Büscheln, und auch dann
meist an bereits zweijährigen vorgekommen. Es gehört
besonders hierher eine Mittheilung des Herrn Oberförsters
Frh. v. Huene (Homburg v. d. H.), dass nämlich in den
Kämpen des Feldbergs Revieres mitten in einem grossen,
mit Laub- und Nadelholz bestandenen Waldcomplexe bei
600 und resp. 700 m. Meereshöhe belegen, die einjährigen
Buchen, aus Vollsaat hervorgegangen, beetweise wie mit
der Sense abgemähet waren. Es handelt sich hier, wie in
allen ähnlichen Fällen einerseits um einen bürstendichten
Stand und anderseits um den Mangel an stärkeren Buchen
in der nächsten Nachbarschaft, welche zum Rindenschälen
Gelegenheit geboten hätten. Wir haben es hier mit arvalis,
auch wohl mit agrestis zu thun, für deren schälenden Zahn
so schwaches Material noch nicht resistent genug ist. Wo
diese Arten sich durch Schälen ernähren können, schneiden
sie nicht ab. Aus den Revieren Oberaula, Königsthal,
Nentershausen, Kamel, Bischofsroda, Viernau wird ausdrücklich hervorgehoben, dass die ganz jungen Buchen verschont geblieben seien, zuweilen unter der ausdrücklichen
Bemerkung, dass daneben um einige Jahre ältere Pflanzen

vernichtet seien. Im Reviere Adelebsen blieben 1 bis 3jährige Pflanzen verschont, und der Herr Oberförster Dörnickel (Melsungen) berichtet sogar, dass auf einer Fläche weniger als 5 Jahre alte Pflanzen nicht zerstört seien.

Von dem genannten Alter an aber wird der junge Aufwuchs ernstlich bedroht; jedoch werden die 3jährigen Pflanzen noch nicht oft genannt. Die einzelnen Altersangaben sind folgende:

2—3jährige Pflanzen	8—10jährige
2—10- und mehrjährig	8—12 „
3jährige (2 mal)	8—14 „
3—5jährige	8—15 „
3—12 „	9jährige (3 mal)
3—15 „	9- und mehrjährige
4—6 „	9—15jährige
4—7 „	bis 10 „
4—8 „	10jährige (6 mal)
4—12 „	10- und 15jährige
5- und mehrjährige	10—15jährige (2 mal)
5—6jährige	10—20 „
5—10 „ (2 mal)	10jährig bis mannesarmstark
5—15 „ (4 mal)	10—25jährig
6—10 „	12jähriger Aufschlag
6—12 „	15—20jährig
6—15 „	7 cm. starke Pflanzen
7—15 „	0,5—4 bis 5 cm. starke Pflanzen
8jährige Pflanzen	50—60jährige Bäume.

Der Schwerpunkt der Zerstörung liegt demnach in der Periode vom drei- oder vier- bis zum fünfzehnjährigen Alter der Buchen. Nach dieser Zeit wird nicht allein die Rinde zu borkig, sondern, was für arvalis und auch für agrestis wichtiger ist, es verliert sich alsdann durch den Kronenschluss allmählich auch die schützende Bodendecke. Der Frass von arvalis findet sich in der Regel so durch den Graswuchs verhüllt, dass man zur Entdeckung des Schadens diesen zur Seite biegen muss. Auch der Schutz der niedrigen sperrigen, oft noch mit trocknem Laube versehenen Zweige, zumal in Verbindung mit einer baldachinartigen Schneedecke schwindet in jenem Alter, und somit

finden diese beiden Mausespezies hier nicht mehr die Bedingungen eines wohnlichen Aufenthaltes. Auch für glareolus wird der Boden zu kahl; doch fällt diese als Buchen-
zerstörer überhaupt nicht stark ins Gewicht. Die Waldmaus aber, M. silvaticus, welche sich auf solchem Boden
noch gern umhertreibt, nimmt Buchenrinde, zumal von
solchen älteren Stämmchen wohl nie. Die vereinzelten
Angaben über stärkeres von den Mäusen benagtes Material
bilden Ausnahmen. Interessante Belegstücke sind einigen
Berichten zugefügt. Wo hier bei Eberswalde nach Beendi-
gung des letzten Kiefernspinnerfrasses 1871 stärkere Buchen
am Wurzelanlauf und etwa handhoch oberhalb desselben
von arvalis benagt waren, standen sie als einzelnes Misch-
oder Unterholz in haubaren Kiefernorten und zwar stets
tief im Graswuchse. Von jenen durch Frassobjecte er-
läuterten Berichten sei hier der aus Worbis vom Herrn
Oberförster Habenicht in dem betreffenden Passus angeführt: „Als eine den Buchenwirthschafter ganz ungewöhnliche Erscheinung ist das Benagen der Rinde an Althölzern,
die in dem Verjüngungsschlage zum Einwachsen reservirt
sind, zu betrachten. Hier beginnt der Frass erst da, wo
die rauhe rissige Rinde in eine glatte übergeht, meist in
der Vertiefung zwischen den Wurzelanläufen ansetzend, und
in einer Breite von 6—10 cm. ringförmig um den Stamm
sich fortziehend, wobei jedoch die Rinde nicht vollständig
bis auf das Holz, sondern mehr plätzig und oberflächlich
benagt ist. Ist diese Frassform auch nicht häufig, so findet
sich doch eine Anzahl Buchen, welche in ähnlicher Weise
mehr oder weniger benagt sind.“ Auch hier werden die
von der Maus angegriffenen Stellen stets durch niedrigen
Pflanzenwuchs geschützte gewesen sein. Auch aus anderen
Revieren, z. B. Thale, Sand, Hardehausen, Bödeken, Lauenau,
Carewitz, Hadersleben, u. a. ist uns starkes, tief unten benagtes, oft geringeltes Material eingesandt.

Die Ausdehnung des Mausefrasses in den vorbezeichneten
Jungwüchsen ist von mehren Herren Berichterstattern genau

angegebeu. Im Reviere Gahrenberg sind etwa 50 pCt. vernichtet, in Coppenbrügge gegen 40 ha. total zerstört, in Liebenburg 50 ha., in Lauenau sogar etwa 300 ha. 15 bis 20 jähriger Schonungen, in Seelzerthurm sämmtliche ca. 10 jährige Buchenverjüngungsschläge; 3—12 jähriger Aufschlag wurde in Claushagen zu 25—80 pCt., jedoch nur an einer Stelle, vernichtet, in 5—10 jährigen Licht- und Abtriebsschlägen in Gottsbüren $\frac{1}{4}$—$\frac{1}{3}$, in Thale in Saatkämpen und Rillensaaten 20 ha., in Ehlen von 2—3 jährigen jungen Buchen mehr als die Hälfte und von 9 jährigem und 7 jährigem Aufschlag im Revier Hombressen 30 pCt. In Worbis erstreckten sich die Beschädigungen zwar nicht auf grössere Plätze oder Horste, sondern mehr auf Einzelpflanzen und Büschel, höchstens auf geringe Gruppen, und somit ist daselbst der Vollbestand wohl nicht ernstlich gefährdet; doch war der Eingang an Pflanzen dort ein immenser, da sich Partieen fanden, wo auf der Fläche eines Quadratmeters 15—20 Stück Lohden dem Zerstörungswerk der Mäuse bereits anheimgefallen waren." Dass in Freienwalde a. O. stellenweise p. Ar 226, bez. 258, bez. 405 Pflanzen vernichtet wurden, ist oben bereits erwähnt. Die daselbst ebenfalls gemachte Bemerkung, dass sich erst nach dem Ergrünen der Pflanzen, ja, können wir hinzusetzen, oftmals erst im nächsten Jahre, die Grösse des Schadens wird vollständig übersehen lassen, möge hier zur Rechtfertigung der Behauptung, dass die Buche unter den mausebedrohten Hölzern die erste Stelle einnehme, in Erinnerung gebracht werden.

Die Weise der Verwundung der Buche durch arvalis, das Frassbild dieser Maus ist sehr characteristisch und einmal erkannt stets sofort mit annähernder Sicherheit wieder zu erkennen. Sie greift zunächst an ihrem gewöhnlichen Frassmaterial nicht bloss die Rinde, sondern auch den Splint an und nagt meist ein Plätzchen neben dem andern, getrennt durch Baststellen. Ein solches Stämmchen sieht alsdann weissfleckig, braunmarmorirt aus. Nagt sie stärker, so fliessen die platzweise angegriffenen Splintpartieen in einander. Solches geschieht zumeist tiefer unten an denselben, dort, wo sie geschützt und gedeckt und auf dem Boden festen Fuss fassend bequem nach Lust und Liebe ihr Zerstörungswerk betreiben kann. Gar oft schneidet sie hier die Stämmchen völlig ab. Aber auch dieser Schnitt ist charakteristisch, namentlich dem unterirdischen Schneiden der amphibius gegenüber. Sie arbeitet von allen Seiten, so dass der Abschnitt schliesslich unregelmässig konisch, oder wenn sie von der einen Seite vorwiegend angreift, federposenförmig wird. Bei schwächeren Stämmchen erscheint die Schnittfläche convex. Die einzelnen Zahnzüge haben eine Länge von 4 mm. Dieser scharfe eingreifende Frass ist für die jüngeren Pflanzen fast regelmässig verhängnissvoll. Manche treiben noch ein oder anderes Jahr kleine Blättchen, gehen aber dennoch in der Regel ein. Sogar bei armsdicken Stämmen konnte ich beobachten, wie sie bis ins dritte oder vierte Jahr zunehmend schwächere Triebe und Blätter hervorbrachten, dann aber eingingen. Diese Stämme waren unten oft nicht einmal vollständig geringelt. Jenes vorstehend erwähnte sehr starke, also ganz ungewöhnliche Frassmaterial wird schwerlich durch den Angriff zum Absterben gebracht. Die Zahnzüge stehen hier gleichfalls platzweise in kleinen Gruppen, die eine neben der anderen, wie mit einem Grabstichel hergerichtet, allein überall bleibt so viel Bast zwischen denselben stehen, dass sich die Verwundung wieder ausheilen wird.

Dass das Bild und die Weise des Frasses, wie eben erörtert, mit voller Bestimmtheit der arvalis zukommt, erwies unsere im Schutzbezirk Nettelgraben unseres Lieper Revieres in einer passenden Buchenverjüngung angelegte Versuchsfläche. Isolirgräben schützten vor fremder Einwanderung. Auf der ganzen Fläche lebte ausser einem einzigen Individuum von glareolus nur arvalis.

Schon vorhin wurde als zweite Buchenmaus noch die agrestis genannt, eine Art, welche bis jetzt noch kaum als forstlich wichtig bekannt geworden war. Als kräftige Wühlmaus (sie ist stärker als arvalis) muss sie schon von vorn herein verdächtig erscheinen, und dass sie trotz ihres nur geringen Bekanntseins durchaus nicht selten ist, war mir längst bekannt. Sie lebt nur ausserordentlich verborgen und zeichnet sich keineswegs so auffällig durch ihre Pelzfarbe vor ihren Verwandten aus, dass sie auf den ersten Blick von Jedermann als eine selbständige Spezies, etwa arvalis und glareolus gegenüber, erkannt würde. Den betreffenden Frasssendungen wurde sie von den Herren Revierverwaltern mehrfach angelegt. Ich erhielt sie aus Homburg v. d. H. (3 Exemplare), Borken (1 E.), Altenlotheim (1 E.), Alt-Sternberg (2 E.), Quickborn (2 E.), Winsen a. L. (1 E.), Mehlauken (1 E.), Grünhaus (3 E.) und Warnow (1 Expl.). Jenem Verdachte und diesen Sendungen entsprechend zeigte sich nun auch der „arvalis"-Frass in zwei verschiedenen Formen und zwar sowohl an unserer Buche, als an Hainbuche, Esche u. a. Holzarten. Viele Pflanzen trugen nämlich so derbe Verletzungen, wie sie mir bei sicherer Kenntniss des arvalis-Frasses unbestimmbar waren. Ist vorhin der tiefe Schnitt der arvalis als stumpfkegelförmig oder schief federposenartig bezeichnet, so waren andere Pflanzen weit schärfer, concavplätzig abgeschnitten, und von diesen Abschnittstellen zogen sich unmittelbar zusammenhängend die Nagewunden den Stamm entlang und diese Wunden griffen tiefer als bei arvalis ins Holz ein, die einzelnen Nageplätze, in der Regel der eine hart an den anderen gereiht, waren weit länger, der Thäter pflegte folglich nicht so oft und kurz beim Nagen abzusetzen, und auch bei nicht abgeschnittenen, also noch senkrecht stehenden Pflanzen zog sich dieser äusserst scharfe Eingriff zuweilen 50 bis 80 cm. hoch den glatten, oft kaum daumendicken Stamm hinauf, so dass gegen arvalis auch deren schlechtes Klettervermögen spricht. Nach allem diesem ist es wohl keinem Zweifel unterworfen, dass wir es hier mit einer von arvalis verschiedenen Mausespezies zu thun haben, für welche einzig nur agrestis anzusprechen ist. Auch fanden sich an einzelnen so benagten Pflanzen schwächere Seitenzweige abgeschnitten, was ich an sicherem arvalis-Frasse gleichfalls noch nie bemerkt habe. Ich brauche wohl kaum zu bemerken, dass ich mir für jenen scharfen Schnitt am, zuweilen auch flach im Erdboden auch die Frage nach der Thäterschaft von amphibius vorgelegt habe; jedoch der Angriff und die Zahnfurchen dieser Wühlratte unterscheiden sich durch ihre grössere Stärke ebenso, wie die der arvalis durch das Gegentheil, von dem Frasse der agrestis. Trotz der charakteristischen Verschiedenheit der Verwundungen durch die hier in Frage kommenden Mausearten bleiben nichts destoweniger manche, im Ganzen aber nur wenige Beschädigungen betreffs des Thäters zweifelhaft. Aeltere und jüngere, kräftigere und schwächere Individuen derselben Spezies arbeiten selbstverständlich auch stärker und schwächer, und da eben die Stärke des Angriffes in vielen Fällen das Hauptkennzeichen für die Art ausmacht, so kann jene ausnahmsweise Unsicherheit da, wo es sich um so nahe verwandte Thiere handelt, nicht befremden.

Das oberirdische Abschneiden der ganz jungen Pflanzen geschieht mit schrägem, etwas rauhem Schnitt, jedoch ohne besondere characteristische Merkmale; gleiches gilt für den unterirdischen Abbiss derselben. Je stärker die Pflanzen sind, desto unreiner, zaseriger, schliesslich convexer wird dieser Abbiss. Doch auch hier lässt sich oft genug ein stärkerer und ein schwächerer Angriff unterscheiden, und so auf agrestis und bez. arvalis schliessen.

2. Hainbuche.

Auch die Hainbuche wird sehr stark von den Mäusen, nach manchen Beobachtungen stärker als die Rothbuche, bedroht.

Der Verlust an Samen lässt sich nicht feststellen. — Die Angaben über das Alter, in welchem diese Holzart am meisten den Angriffen der Mäuse ausgesetzt ist, lassen einen grösseren Spielraum und weniger scharf fixirte Grenzen erkennen, als bei der Buche. Zuweilen heisst es in den Berichten nur unbestimmt, dass „junge Pflanzen" oder (Tapiau) dass Pflanzen jeden Alters, jeder Stärke von den Mäusen angegriffen seien. In anderen wird jedoch das Alter genauer bezeichnet. So sind im Revier Fritzen die Hainbuchen von den kleinsten Pflanzen bis zur Stärke von Hopfenstangen benagt, in Homburg v. d. H. zweijähriger Ausschlag, in Hambach 2—4jährige, in Kranichbruch 2 bis 100jährige Pflanzen, anderswo 3—5jähriger Stockausschlag, oder (Neuhaus, Frankfurt a. O.) 9jähriges Material, in Greiben 10- ja 20- und mehrjährige, in Lonau 8—14jähr. Pflanzen, in Lüchow bis 15, in Bischofswald bis 20 Jahre alte. Aus Peine wird als Stärke 0,5—12 cm., in Ausnahmsfällen sogar 24—27 cm. Durchmesser angegeben; aus Leipen 25 cm., aus Worbis das Stangenholzalter, aus Mackenzell auch ein „starker Stamm" als benagt bezeichnet. Von den eingesendeten Frassstücken hatten die aus Peine 2—5 cm., aus Todenhausen 4 cm., aus Gräfenhainchen 6—8 cm., aus Correnzien 4—12 cm. im Durchmesser; auch im Reviere Sand und Padrojen war starkes Material benagt. Es scheint nach mehren Berichten (Neuenweilnau, Todenhausen, Neupfalz, Homburg v. d. H.), dass vorzugsweise Stockausschläge von den Mäusen bedroht seien. — Jene grössere Unbestimmtheit in den Angaben über das Alter in welchem die Mäuse die Hainbuche schälen, beruht wohl zumeist darauf, dass es sich hier um drei feindliche Spezies, arvalis, agrestis und glareolus, handelt, von denen die erstere fast nur tief am Boden nagt, die anderen aber mit vorzüglichem Klettervermögen ausgerüstet noch oben in den Spitzen älterer Pflanzen schälen, wenn ihnen tief am Stamme die Rinde bereits ungeniessbar geworden ist. Es nimmt übrigens die Rinde der Hainbuche weit später die trockenborkige Beschaffenheit an als die der Rothbuche. Ueber die Zeit, wann in Hainbuchenbeständen der krautige Bodenüberzug, und somit die schützende Decke der Mäuse allmählich, oder, ob sie bis in das Baumholzalter der Stämme überhaupt verschwindet, ist mir nichts Näheres bekannt. — Die sehr thätige Theilnahme der glareolus am Hainbuchenrindenfrasse bedingt nun ferner auch eine Beschädigung der Pflanzen in grösserer Höhe, als wenn arvalis der einzige Thäter wäre. In dem Berichte aus Cladow wird erwähnt, dass die Hainbuchen gänzlich kahl, also wohl ohne Zweifel bis hoch hinauf, genagt seien; der aus Johannisburg nennt dort die Hainbuchen bis 0,5 m. total geschält, der aus Neuenheerse gibt an „über 1 m." Höhe, aus Herzberg a. H. „bis 1,5 m." In Bischofswald wurden die bis 20jährigen Pflanzen oft hoch bis in die Aeste, in Worbis die vom Stangenholzalter bis zu 3 m. hoch und zwar die gesammte Rinde am Stamme und an den Aesten, vom Wurzelknoten bis zum Wipfel geschält. Unter den Frasssendungen enthielt die aus Herzberg a. H. Pflanzen, welche 1,8—3 m. hoch geschält waren. In allen diesen Fällen ist wohl nur die kletternde glareolus der Thäter. — Ueber die Ausdehnung des Mausefrasses in Hainbuchen liegen nur sehr spärliche Angaben vor. Diese Holzart bildet ja in den meisten Revieren nur Unterholz, Füllholz, Mischholz, und somit ist der Schaden, auch wenn ausdrücklich die Vorliebe der Mäuse für Hainbuchen allen anderen Holzarten gegenüber aus so manchen Revieren betont wird, schwer abzuschätzen. Die Hainbuche pflegt in den meisten Gegenden nicht künstlich angebaut zu werden, sondern sich daselbst durch natürliche Besamung an ihren Standorten zu behaupten. Ihr Schicksal erweckt folglich nicht das Interesse als das mancher anderen Holzarten, welche nur unter Mühe und Opfern erzogen und in Bestand und Schluss gebracht werden können. Doch wird aus Mulartshütte ein gänzlich zerstörender, nesterweise, in Ausdehnung von 1—2 Ar auftretender Frass in Hainbuchen, und aus Neuhaus (Frankfurt a. O.) eine Zerstörung auf 32 ha. erwähnt. Eher könnte man aus ostpreussischen Revieren, in denen die Hainbuche als dominirende Holzart auftritt, specielle An-

gaben erwarten. Und in der That hat der Herr Oberförster
Perl (Fritzen) betreffs des vorhin genannten Frasses „von
den kleinsten Pflanzen bis zur Hopfenstangenstärke" bemerkt, dass etwa der vierte Theil vernichtet sei. — Das
Frassbild, die Verwundungsform ist je nach dem Thäter
verschieden. Arvalis benagt diese Holzart ähnlich wie die
Buche, greift hier ebenfalls in kleineren Plätzen ins Holz.
Auch an dieser Holzart lässt ein noch stärkeres Eingreifen
ins Holz, sowie solide Längsplätze von oft 2—3 cm. Länge,
die einer am andern liegen und somit oft die Stämmchen
kantig aushöhlen, sowie gleichfalls ein Benagen der Zweige
auf agrestis schliessen. Frassstücke aus den Revieren Cart-
haus, Grünhaus, Seehausen U. M., Abtshagen, Peine, Neuenkrug, Todenhausen u. a. rühren ohne Zweifel von agrestis
her. Auch der oft schlanke Wuchs der Pflanzen, wie z. B.
aus Peine, zeugt bei dem festen Eingreifen der Zähne in
das Holz für diese Art. Ausserdem sind manche Pflanzen,
z. B. aus Grünhaus, Peine, Uetze so stark und derb am
Boden abgeschnitten, dass nur agrestis der Thäter sein
kann. Dagegen greift glareolus nicht ins Holz. Mit fein
kritzelndem Zahne nimmt sie nur die Rinde fort. Bleiben
Bastpartieen stehen, so erscheint ihre Arbeit als feinrissige
Verwundung, meist aber wird auch der Bast entfernt und
die benagten Stellen erscheinen dann wie glatt abgeschabt.
Derartig gänzlich glatt bis auf den Splint abgeschälte oder
mit nur sehr schwacher Bastschicht stellenweise noch versehene Frassstücke enthielten z. B. die Sendungen aus
Wannfried und Herzberg a. H. Die Entrindungen an einem
aus letzterem Reviere zogen sich bis gegen 3 m. hoch
den Stamm herauf. Schon das hierdurch bekundete grosse
Klettervermögen des betreffenden Nagers weist auf glareolus hin.

3. Esche.

Die sehr ungleichmässig in den Revieren verbreitete
Esche nimmt vielleicht die dritte Stelle ein. Was das Alter

betrifft, in welchem sie dem Mausefrass unterworfen ist, so geben mehre Berichte darüber einigen Anhalt. Eschenkämpe wurden im Revier Warnen zu 45 pCt. zerstört, Eschenpflanzungen in Tapiau „ziemlich stark" angegriffen, im Revier Stolp 2—3jährige Verschulungen total vernichtet, in Werder (Rügen) 2jährige Pflanzungen arg beschädigt, desgleichen in Neukrakow 6—8jährige Pflanzen. Junge Eschenpflanzen sind folglich vom 2. Jahre an vom Mausefrass bedroht. Für diese wird arvalis als der Thäter anzusehen sein. Andere Angaben beziehen sich lediglich auf Heister. Solche nennen ausdrücklich die Berichte aus Hardehausen, Scharnebeck, Poggendorf, Fritzen, Crutinnen, der letztere unter der genauen Bezeichnung „10jährige". Auch lassen die Berichte aus Worbis, Drage und Reifenstein auf Heisterstärke schliessen, wogegen aus Greiben nur unbestimmt von „jungen Eschen" die Rede ist. — An der Esche kommt vielfach Hochfrass vor. Die Berichte aus Lahnhof und Scharnebeck geben unbestimmt an: „bis hoch hinauf", aus Drage und Worbis 1,05 m., und der aus Reifenstein sogar „bis 5 m." Höhe. Uns eingesandte Frassstücke aus Gräfenhainchen, Abtshagen, Neuenkrug imponiren ebenfalls durch ihre Länge von 2—4 m., in der sie von Mäusen geschält sind. — Der Thäter ist hier Mus silvaticus. Aus Reifenstein uud Worbis wird diese Art ausdrücklich als solcher bezeichnet. In Worbis ist sie in einer aus frisch benagten Stangen bestehenden Eschengruppe gefangen, und als Thäter von dem Forstbeamten, welcher sie auf der That ertappte, constatirt.*) Diese Thatsache ist um so interessanter, als bisher von einem Rindenfrass durch diese Art noch nichts bekannt geworden war. Noch in der 2. Auflage des 1. Bandes meiner „Forstzoologie" (1876)

---

*) Der Verwalter des Revieres Worbis, Herr Oberförster Habenicht, sandte vor Abfassung seines sehr eingehenden Berichtes eine Collection der verschiedensten Mäuse, jedes Stück genau signirt, zur Bestimmung nach Eberswalde ein, so dass folglich seine Angaben über die Spezies auf besondere Zuverlässigkeit Anspruch machen.

glaubte ich mich zu der Behauptung berechtigt, dass einzig und allein die Arten der Gattung Arvicola durch Rindenschälen forstlich bedeutsam werden könnten. Es wird aber auch die Esche mit ihrer in der Jugend so glatten, so wenig borkigen Rinde die Hauptholzart sein, welche ihrem Zahne preisgegeben ist. Zur Bestätigung dieser Vermuthung dient auch eine Bemerkung, die sich in dem sehr eingehenden und ausführlichen Berichte aus Königsthal findet. Derselbe führt nämlich eine Menge von dem Mausefrass ausgesetzten Holzarten auf, bemerkt aber ausdrücklich, dass die Esche daselbst verschont sei. Nun aber wurden von dort als Thäter ausser einer Haselmaus (Myoxus avellanarius) nur arvalis und agrestis eingesandt. M. silvaticus scheint dort also, wo die Eschen in so auffallender Weise von den Mäusen verschont blieben, nicht oder jedenfalls nicht in Menge aufzutreten. Ihr Frass erstreckt sich nicht bloss auf den Stamm, sondern auch auf die Seitenzweige, welche, nach mehren Berichten, oft so stark geschält sind, dass das weisse Geäste in trauriger Weise weithin leuchtet. Auch aus Hadersleben erhielten wir derartigen typischen silvaticus-Frass an Eschen.

Die Art der Verwundung durch silvaticus ist sehr charakteristisch. Abgesehen von der bedeutenden Höhe, in welcher diese Art an den glatten Stämmen und Zweigen schält, nehmen ihre Nagezähne nur die äussere glatte Rindenschicht und auch diese nicht gänzlich fort. Zahlreiche längliche, meist schräg stehende, oft scharfkantige, häufig rhombenähnliche oder spitzdreieckige grüne Rindenfleckchen von verschiedener Grösse erheben sich als Inselchen aus der freigelegten Bastfläche, welche letztere freilich keine scharfen Zahnzüge, aber doch flache, schräg gerichtete Furchen erkennen lässt und somit flachrunzlig erscheint. Bei der grossen Reproductionskraft der Esche wird dieselbe eine solche nicht zu ausgedehnte Entrindung durch die Waldmus ohne Zweifel ausheilen.

Von dieser Rindenverletzung durch Mäuse ist eine zweite,

weniger häufig auftretende so verschieden, dass sie sofort
auf eine andere Mauseart hinweist. Sie befindet sich meist
tief, unmittelbar über dem Wurzelknoten und erreicht in
der Regel Spannenlänge. Die betreffende Maus hat hier
ausser der Rinde auch den Bast entfernt; die Zahnzüge
greifen sogar scharf in den Splint ein, stehen meist nur
wenig schräg, oft fast horizontal und in grosser Menge zusammenhängend nahe bei einander, so dass alsdann der
rissig gefurchte Splint in grösseren Flächen gänzlich frei
gelegt ist. Dieser Zusammenhang der Nagewunden, ihre
fast horizontale Richtung und die Länge der einzelnen
Zahnfurchen weisen auch nicht auf Arvicola arvalis hin.
Hier ist wohl nur Arv. agrestis der Thäter. Aus Alt-
Sternbeck erhielten wir zwei agrestis und mit diesen 4 cm.
starke Eschen, welche über dem Wurzelknoten 15—25 cm.
aufwärts bis auf den scharf und fast horizontal geritzten
Splint geringelt waren.

Doch auch manche schwächere, im Ganzen jedoch ähnliche Verletzungen finden sich, wenngleich nicht gerade
häufig, tief unten an Eschen, welche wohl als die Arbeit
von arvalis anzusehen sind.

Unterirdisch schneidet amphibius nicht selten jüngere
Eschen bis zur Halbheisterstärke ab, an einer Pflanze hatte
sie auch noch einige cm. oberirdisch stark genagt.

Schliesslich wurden uns aus Grünwalde zwei untere
Eschenheisterabschnitte mit Mausefrass und zugleich der
Balg von Mus agrarius eingesandt. Der Frass ist in sofern
dem der silvaticus ähnlich, als auch hier nur die grüne
Rinde, diese aber völlig, ja an dem einen Abschnitte an
einer Stelle bis auf den freigelegten Splint fortgenommen
ist. Grüne Inselfleckchen fehlen, die Bastunebenheiten sind
weniger gleichmässig schräg nach oben gerichtet, sie stehen
z. Th. fast horizontal, dann aber wieder verworren aufwärts,
fehlen aber stellenweise ganz, so dass hier Bastschichten
glatt abgerissen erscheinen. Der Frass hat jedenfalls so
viel Eigenthümliches, dass ich mich eben durch diese

Sendung aus dem genannten Reviere veranlasst fand, an-
fangs die Mus agrarius ebenfalls als Forstfrevler aufzuführen.
— Ob sich ausser diesen 5 Spezies auch noch glareolus am
Frasse der Esche betheiligt, konnte nach dem vorliegenden
Materiale nicht festgestellt werden.

4. Eiche.

Die Eiche leidet im Allgemeinen nur wenig durch Mausefrass, so sehr auch ihre Samen von den Mäusen zerstört
werden. Wenn sie trotzdem so oft in den Berichten aufgeführt wird, so gründet sich das wohl mit auf den Werth
dieser Holzart, bei der eine irgend wesentliche Beschädigung eben deshalb nicht leicht übersehen und mitzutheilen
vergessen wird. Stehen junge Eichen im Buchenaufschlag,
bei Hainbuchen u. dergl., so benagt A. arvalis in oft sehr
arger Weise die letzteren Holzarten, ohne sich um die
Eichen zu kümmern. Diese Thatsache ist in 10 Revieren
ausdrücklich constatirt; in 14 anderen wurden sie unter
gleichen Verhältnissen nur schwach beschädigt. Bedeut-
samer tritt stellenweise ein unterirdisches Abschneiden der
Stämmchen auf. Hieran betheiligen sich arvalis, wahrscheinlich auch agrestis, und vor allem amphibius. Die
erste schneidet in dieser Weise, wenn der Boden ihr die
unerlässlichen dichten verwachsenen Schlupfwinkel und Verstecke nicht bietet, besonders in Saat- und Pflanzkämpen,
da sie hier für ihren eigenen Schutz veranlasst wird, sich
flach streichende Gänge anzulegen. Je mehr der Boden
hier bereits unterwühlt ist, z. B. durch Maulwurfsröhren,
desto lieber setzt sie sich hier fest. Ihr Schnitt geschieht
durch Benagen der Pflanzen von allen Seiten; die Schnittfläche des Stämmchens zeigt sich daher convex. Greift
amphibius jüngere Pflanzen an, so nagt sie von der An-
griffsseite sofort scharf durch, das Stämmchen erscheint
alsdann auf der Schnittfläche hohl ausgenagt. Bei ganz
schwachen, unterirdisch abgeschnittenen Buchen kann man
zuweilen zweifeln, ob arvalis oder amphibius der Frevler

gewesen sei, bei Eichen lässt sich der Urheber aus der Arbeit wohl stets erkennen. Da ganz junge Eichen von beiden Mausespezies abgeschnitten werden, die Lohdenstärke aber bereits der arvalis entwachsen ist, so leiden erstere natürlich viel stärker. Die folgenden nach den Berichten gemachten Angaben haben dementsprechend zumeist auch nur junge Pflanzen zum Gegenstande. Ob sie alle abgeschnitten, z. Th. nicht vielleicht geschält sind, lässt sich aus den Berichten nicht ersehen. Manche geschälte Pflanzen sind eingesandt.

Die speciellen Angaben der Berichte sind folgende: Ein junges Saatbeet arg beschädigt (Gauleden); einjährige Pflanzen durch Abschneiden an der Wurzel zerstört (Sterbfritz, Kamel, Adenau, Stephanswalde, Steinspring); ein- bis zweijährige Saaten zu 10 bis 30 pCt. vernichtet (Lödderitz), nur ganz junge Pflanzen (Peine), junge verschulte Eichen in Kämpen und auf Plätzesaaten unterirdisch abgeschnitten; eine ein- bis vierjährige Cultur (Schöneiche); alle ein- bis fünfjährigen Eichensaaten (Wellerode); eine zwei- bis vierjährige Cultur durch Abschneiden ruinirt (Nimkau); desgleichen ein zweijähriger Kamp (Greiben); Saateichen in Freisaat und Kämpen, Pflanzen in Kämpen auch durch Abnagen an der Wurzel zerstört (Zöckeritz); vierjährige Pflanzen benagt und abgeschnitten (Höven, Coblenz); fünf- bis zehnjährige Orte (Weezen); Culturen abgeschnitten (Daun i. d. Eifel); junge Eichenschonung (Scheuenhagen); zehnjährige bis Mannesarmstärke abgeschnitten (Sillichum). Die vier- bis fünfjährige Stärke gehört wahrscheinlich, die höheren Alter sicher nur der amphibius an. Auch wenn Lohden (Luchow, Kamel) oder gar Heister (Pechteich, Tapiau, Ebstorf, Neu-Sternberg, Fritzen, Alt-Sternberg) genannt sind, ist die Zerstörung nur durch diese grösste Wühlmaus geschehen. Ausserdem sind noch manche andere, aber zur näheren Aufklärung zu unbestimmt gehaltene Angaben in den Berichten zu finden. — Die Frasssendungen enthielten von amphibius abgeschnittene Eichen bis zur Starkheistergrösse aus 21 Revieren (Peine, Abtshagen, Gräfenhainchen, Uetze, Leipen, Krohdorf, Melsungen, Lödderitz, Johannisburg, Schöneiche, Höven, Gahrenberg, Hambach, Rottebreite, Menz, Büren, Homburg v. d. H., Nimkau, Kirchen, Neuenstein, Böddeken). Eine abgeschnittene schwache aus Grünhaus eingesandte Eiche halte ich für von agrestis vernichtet. Im Uebrigen kommen bei nicht zu jungen Pflanzen wohl selten zweifelhafte Fälle vor; man erkennt leicht den schwachen, relativen unkräftigen Schnitt der arvalis und anderseits den so äusserst scharfen Angriff der amphibius. Aus den Sendungen erhellt ferner, dass amphibius die Eiche jeder anderen Holzart vorzieht. Am nächsten steht die Buche, die kräftig abgeschnitten aus 12 Revieren eingesandt ist, wobei jedoch bemerkt werden muss, dass ein oder anderes Stück vielleicht von agrestis herrührt, sowie auch die weit grössere Verbreitung dieser Holzart der Eiche gegenüber das relative Zahlenverhältniss noch erheblich herabdrückt. Von anderen Holzarten war Esche aus 5 Revieren, Erle aus 3, Bergahorn und Fichte aus je 2, Hainbuche und Hasel nur aus je 1 Reviere als unzweifelhafte amphibius-Schnitte den Sendungen beigegeben. — Was nun das Rindenschälen der Mäuse an Eichen betrifft, so tritt dieses einerseits sehr gegen die gleiche Beschädigung an den vorher behandelten Holzarten zurück und lässt anderseits ein so scharf ausgeprägtes Nagebild, wie etwa an Buche, Hainbuche, Esche u. a. Holzarten nicht erkennen. Abgesehen davon, dass in einzelnen seltenen Fällen amphibius die Pflanzen nicht bloss unterirdisch abschneidet, sondern auch noch bis fingerhoch oberirdisch scharf benagt, kann man nur ein Fortnehmen der äusseren Rinde und ein tieferes Nagen bis auf den Splint unterscheiden. Die Rinde wird nicht gern genommen, es sind meist nur beschränkte Stellen, und Stämme von mehr als 3 cm. unterem Durchmesser (Todenhausen, Abtshagen) werden kaum mehr von den Mäusen angenommen, die Oberfläche dieser ist schon zu borkig. Welche Mäuse sich an diesem Rindennagen betheiligen, lässt sich wegen der bereits erwähnten grösseren Unbestimmtheit der Nagewunden kaum mit Sicherheit angeben. Wir gehen jedoch wohl nicht irre, wenn wir das scharfe langplätzige Eingreifen der Zähne in den Splint, zumal wenn der Frass sich von etwa 0,3 bis 1 m. hoch hinaufzieht, der agrestis zuschreiben. Dahin gehören Frassstücke aus den Revieren Regenthin, Homburg v. d. H., Leipen, Hadersleben, Seehausen u. a. Andere erinnern in ihrer Verwundungsweise an den typischen arvalis-Frass an Buchen, und werden deshalb auch wohl dieser Art angehören. Solche Stücke sind z. B. aus Warnen, Gahrenberg, Mühlenbeck, Mehlauken, Uetze u. a. eingesandt. Zuweilen findet sich nur die äusserste Spiegelrinde und zwar ziemlich glatt fortgenommen (Homburg v. d. H., Todenhausen, Altenplatow, Padrojen u. a.); man könnte hier als Thäter glareolus vermuthen. — Aus Vorstehendem erhellt, dass die Eiche dem Mausefrasse gegenüber eine gewisse Sonderstellung einnimmt: In der ersten Jugend wird sie stark und noch bis ins Heister- ja Stangenholzalter hinein fortwährend unterirdisch abgeschnitten, dagegen weit schwächer geschält als die meisten anbauungswürdigen Holzarten.

Die Nadelhölzer.

Im Allgemeinen leiden die Nadelhölzer nicht stark durch den Mausefrass. Man kann der Hauptsache nach die Beschädigungen auf drei verschiedene Angriffe zurückführen. Entweder werden ganz junge, im Graswuchs oder gedrängt stehende Pflanzen abgebissen, oder stärkere tief geringelt (beides zumeist von arvalis), oder sie werden hoch an Stamm und Zweigen geschält (von glareolus). Stehen Nadelhölzer nicht im Graswuchs und fehlt daselbst glareolus, so können an Samen und Pflanzen der Laubhölzer daselbst die ärgsten Frevel vorkommen, aber die dortigen Nadelhölzer bleiben, wie z. B. in Lichtenau, unberührt. Eine Vorliebe der Mäuse oder einer bestimmten Mausespezies für die eine oder andere Nadelholzart wird sich nach den vorliegenden Berichten schwerlich nachweisen lassen, mit Ausnahme etwa der glareolus für Lärchen. Wenn die **Weymouthskiefer** nur einmal (Fritzen in Pflanzgärten), die **Tanne** nur dreimal als erheblich von den Mäusen beschädigt aufgeführt wird, so beruht dieses wohl zumeist auf dem geringen Anbau dieser Holzarten in unseren Revieren den anderen Nadelhölzern gegenüber. In Bordesholm wurden 4jährige Pflanzen etwa 20 cm. hoch, sowie auch deren Zweige abgeschnitten. Auffallend wenig ist auch der **Wachholder** genannt (Mühlenbeck, Seehausen), doch als wirthschaftlich werthlose Holzart wohl oft nicht berücksichtigt. Hier bei Eberswalde sieht man seine Zweige zumal tief unten, wo sie auf dem Moose des Bodens liegen, jedoch auch durchaus nicht selten höher, von Mäusen geschält. Von den übrigen Nadelhölzern sind vier besonders hervorzuheben.

5. Fichte.

Die Fichte scheint nach den eingegangenen Berichten in ernster Weise nur im ersten Jugendalter durch Mäuse (arvalis) bedroht zu werden. Von einer vereinzelten, einen Höhenfrass bis zu 2 m. betreffenden Angabe aus Grammentin abgesehen, für welchen Fall wohl glareolus als der Thäter anzusprechen ist, beziehen sich alle übrigen auf ganz junge Pflanzen. Doch machen, wohl wegen des gedrängten Standes, Büschelpflanzungen, z. B. eine 5- bis 6jährige in Fritzen, 5- bis 8jährige in Warnicken, eine Ausnahme. Im letzten Falle wurden nur die schwächsten Pflanzen verzehrt, die stärkeren aber aller Aeste beraubt; sogar noch 10jährige Büschel litten in diesem Reviere. Auffallender ist die Mittheilung aus Wellerode, woselbst 5- bis 8jährige auf Hügel gepflanzte Fichten zerstört wurden. Doch werden hier gerade die Hügel, etwa mit den aufgeklappten Rasenstücken, der arvalis die zusagenden Verstecke geboten haben. Die übrigen Angaben haben sämmtlich Fichten in jüngerem Alter zum Gegenstande; die hauptsächlichsten mögen hier folgen: Fichtenkeimlinge sind zahlreich in Altenlotheim abgebissen („glareolus"?); einjährige Pflanzen in Kämpen litten in Fritzen; in Saatbeeten sind Zerstörungen vorgekommen in Bordesholm, in Saatkämpen in Greiben, Pelplin, Reifenstein, in letztem Reviere durch Unterwühlen des Bodens, wodurch die hohlgestellten Pflanzen eingingen; in den 1- und 2jährigen Saatkämpen in Leipen wurden „ganze Längen in den Streifen über der Erde abgebissen"; in Grammentin in 1- bis 3jährigen Saatkämpen die Pflanzen theilweise wie abgeschoren; in Segeberg wurden 2jährige Sämlinge arg mitgenommen; von 2- bis 3jährigen Sämlingen in einem Kampe des Revieres Wachstedt die sämmtlichen zarten Triebe abgebissen; eine 3jährige Rillensaat in Königsthal total vernichtet; Fichtenculturen im Graswuchse litten auch in Freienwalde a. O.; in Hadersleben wurde die Fichte (und Lärche) nur dort angegriffen, wo sich Moorboden befand; in Mühlenbeck hatten auffallender Weise die Mäuse den ganzen Winter kein Nadelholz angenommen, griffen jedoch schon einige Tage nach der Pflanzung die Fichten im Frühlinge an. Der ausgedehnteste Frass an Fichten fand wohl in Brödlauken statt, woselbst eine Cultur von 10 ha. gänzlich vernichtet und von 50 ha. gar arg beschädigt wurde. Die Lärche blieb hier unversehrt. Wie aus einigen Frasssendungen hervorgeht, waren namentlich Büschelpflanzungen dem Schälen besonders ausgesetzt. Alles weist in den angeführten Fällen, wie bereits anfangs erwähnt, auf arvalis hin. — Auch die Sendungen aus den verschiedensten Revieren weisen beide Beschädigungsarten, Schnitte und Schälwunden auf. Beides, namentlich aber die erste Art der Verletzung, kommt, wenn wir von dem unterirdischen Schnitt der amphibius (Benneckenstein) absehen, nur im ersten (bis 2jährigen) Jugendalter dieser Holzart vor. So wurden im Revier Haste 1- bis 2jährige Pflanzen abgeschnitten, ebendaselbst, in Grünhaus und Oberzell 3- bis 4jährige nicht bloss (in etwa 20 cm. Höhe) abgeschnitten, sondern auch bis auf Stummel der Aeste beraubt; dasselbe fand bei vierjährigen in Bordesholm und Gräfenhainchen statt. Auch hier wird arvalis der Thäter gewesen sein. Auf mehr oder weniger grössere Strecken am Stamm glatt geschält wurden 2-, 3- bis 4jährige Pflanzen in Hofgeismar, Gramzow, Barlohe, Oberzell, Mackenzell, Mehlauken, Grünhaus. In Hadersleben hatten so geschälte Fichten einen unteren Durchmesser von 1 bis 2 cm. und in Neuenkrug fanden sich erhebliche Schälstellen noch 1 cm. hoch. Während dieser glatte Stammschälfrass auf glareolus hinweist, wird für einen rauhen Frass, bei dem Bast- und schwache Splintfetzen die Wundfläche uneben erscheinen lassen, wie sich solches in den Revieren Padrojen und Sand zeigte, agrestis als Thäter in Anspruch zu nehmen sein. — Was schliesslich den seltenen amphibius-Frass an Fichte angeht, so sind an den abgeschnittenen Wurzeln scharfe Nagezahnfurchen und Nageplätze kaum zu erkennen. Nur die bedeutende Grösse der Verletzung läst auf die Wühlratte schliessen; doch war in unserem Falle von dem Herrn Oberförster Brockenhaupt die Ratte selbst beigelegt.

6. Lärche.

Lag der Schwerpunkt des Mausefrasses an der Fichte in der oft massenhaften Zerstörung der jungen Pflanzen durch Abschneiden derselben nahe über dem Boden, so äussert sich der Hauptfrass an der Lärche durch höheres Schälen des Stammes, auch wohl der Zweige. Die schon seit lange für diesen Frevel bekannte Art, glareolus, tritt aber weder so zahlreich noch so allgemein verbreitet, als arvalis, auf. Da auch die Lärche bei uns durchaus nicht überall und auf grossen Flächen angebauet wird, so kann die verhältnissmässig geringe Anzahl von Angaben über Lärchenfrass nicht befremden. Die meisten dieser Angaben bezeichnen die Beschädigungsweise nicht näher, sondern begnügen sich mit der Aufführung der Lärche unter den mausefrässigen Holzarten. Zwei unter den wenigen, welche die Verletzung specificiren, berühren eine von jenem „Hauptfrasse" abweichende Beschädigung. In Seegeberg nämlich wurden

2jährige Sämlinge zerstört („glareolus") und in Worbis in einem Bezirke ein plätziges Benagen und Umringeln des unteren Stammendes (wohl durch arvalis) vorgenommen. Jener glattschälende Rindenfrass aber trat ebenfalls in demselben Revier, Worbis, an 5—7jährigen Lärchen, welche in einer Buchenschonung standen, auf. An Wegen, wo sie zur Auspflanzung von Holzlagerplätzen verwendet waren, zeigte sich diese Beschädigung am stärksten, stellenweise bei Pflanze an Pflanze. In Herzberg a. H. wurden Lärchen 1,5 m. hoch, im Königsthal sogar 2 bis 3 m., ja oft 3 bis 6 m. hoch und zwar hier nur in den äussersten Spitzen entrindet. Ein ähnliches Rindennagen von glareolus, jedoch an nur etwa 60 cm. hohen Lärchen eines Saatkampes in ziemlicher Ausdehnung theilt mir ausserdem noch der Herr Forstmeister Beling (Seesen) mit. — Diese Frassverwundung tritt sehr charakteristisch auf. Glareolus entblösst den Stamm, bez. die Zweige auf mehr oder wenig grössere Ausdehnung, bald einseitig, bald völlig oder fast völlig rundum von Rinde und Bast, ohne aber das Holz mit anzugreifen. So geschälte Stellen haben den Anschein, als sei die Rinde daselbst glatt abgezogen oder glatt abgeschabt. -- Die diesen Angaben zu Grunde liegenden Objecte wurden von den Herren Revierverwaltern z. Th. auch eingesandt. Jedoch zeigte sich aus Königsthal eine Lärche fast 3 m. hoch auch im Splint benagt, eine andere an der Spitze abgeschnitten, auch aus Pechteich war an der etwa 25 cm. grossen Schälstelle plätzig ins Holz eingegriffen. Diese Beschädigungen werden der agrestis angehören, wogegen 4jährige Pflanzen, welche theils geschält, theils an den Aesten gestummelt sind (Gräfenhainchen), wohl von arvalis verletzt wurden.

7. Kiefer.

Die Kiefer leidet in wirthschaftlich beachtungswerthem Grade wohl nur, wie die Fichte, in ihrer ersten Jugend. In Freienwalde a. O. war eine Cultur von 2jährigen Pflanzen stellenweise stark decimirt. Mäuse sind daselbst nach Abgang des Schnees, unter dessen Decke das Zerstörungswerk betrieben war, nicht mehr bemerkt. Allein aus dem mit altem, hohem niedergedrücktem Grase bedeckten und von flachen Mausegängen durchfurchten Boden ist mit annähernder Sicherheit auf arvalis zu schliessen. Nur diese Cultur bot hier und dort durch hohen, niedergedrückten Graswuchs in der ganzen Umgebung dieser Art die einzigen wohnlichen Schlupfwinkel. Hier, aber auch nur hier fand sich die Beschädigung. Die Stämmchen waren schräg durchschnitten, die Schnittfläche aber der des Hasens gegenüber weniger glatt, etwas uneben. Die Köpfe der Pflänzchen lagen zum Theil neben dem Stumpf, zum Theil waren sie in die Mündung der Röhren gezogen und lagen hier wohl zu mehren zusammen. Eine Anzahl Nadeln fanden sich mehr oder weniger hoch über der Scheide abgeschnitten; solches auch an noch stehenden Pflanzen. Die Stämmchen waren ungeäst geblieben, auch die Rinde weiter nicht verletzt; die Mäuse haben offenbar die Nadeln verzehrt. Auch in Peine sind 1—3jährige Pflanzen nur dort, wo sie im Graswuchs standen, sonst nicht, vernichtet. Im Revier Pelplin ist ein Saatkamp durch Mäuse ruinirt, in Rothehaus und Jägerhof eine Kiefernsaat, eine 2jährige desgl. in Pechteich stark beschädigt, Kiefernjährlinge wurden in Mehlauken, einjährige Saaten und Pflanzen in Altenplatow, zweijährige Culturen in Röthen-Göhrde zu 50 bis gar 100 pCt. zerstört, 1—4jährige in Schöneiche, Ballenpflanzen in Gertlauken. Der Thäter ist hier ohne Frage in allen Fällen arvalis, welche im Schutze eines verrasten Bodens oder der dichtständigen jungen Pflanzen selbst unter der Schneedecke ihr Zerstörungswerk ausführte. Die gleiche Maus muss ich auch für die, freilich nicht häufigen Ringelungen tief unten am Boden an stärkerem Materiale, bis 3 cm. im Durchmesser, verantwortlich machen. Ausser diesen beiden Verletzungen kommt, ähnlich dem Hauptmausefrass an der Lärche, auch an der Kiefer ein glattes hohes Rindenschälen an Stamm und Aesten vor. Hier in unserem Lieper Revier fanden sich mehre, etwa auf 1 m. Höhe geschälte Kiefern, und aus Grammentin meldet der Bericht, dass eine Kiefer im Wipfel bis 5 m. hoch in den letzten Jahrestrieben entrindet sei. Ohne Zweifel handelt es sich hier um glareolus. Die relative Seltenheit dieser Verletzung, der gleichen an der Lärche gegenüber, beruht wohl auf der weit eher eintretenden und weit stärkeren borkigen Beschaffenheit der Rinde der gemeinen Kiefer. — Auch die Sendungen enthielten solche von glareolus stellenweise glatt geschälte Kiefern, so aus Klütz, Barlohe, Rotenkirchen und Neuenkrug. Aus letzterem war der Stamm stellenweise, besonders unterhalb der Spitze, sowie auch eine Anzahl Zweige bis 3 m. hoch geschält. Wie bei der Fichte kam schliesslich auch an der Kiefer ein rauhes Schälen, bei dem platzweise ins Holz eingegriffen war (Pechteich und Gräfenhainchen) vor, für welche Beschädigung kaum eine andere Mausespezies, als wiederum agrestis, anzusprechen sein wird. Die stärkste am Stamm wie an den Zweigen stark geschälte Kiefer hatte einen Durchmesser von 6 cm.

8. Schwarzkiefer.

Die Berichte nennen dieses bei uns im Ganzen nur wenig angebaute Nadelholz nur sehr spärlich. Im Revier Peine wurde mit der gemeinen Kiefer auch die Schwarzkiefer als 1- und 3jährige Pflänzchen, soweit sie im Graswuchse standen, abgeschnitten; an einer Stelle in Brödlauken sämmtliche Schwarzkiefern entrindet. Ausführlich berichtet der Herr Forstmeister Beling, „dass Arvicola glareolus an mehren Orten in 18 bis 20 Jahre alten Schwarzkieferpflanzungen dergestalt beschädigend aufgetreten ist, dass insbesondere die im Wuchse zurückgebliebenen, früher einmal beschädigten und verbutteten, bis 1,5 m. hohen Pflanzen bis zur Spitze an Stamm und Zweigen weiss genagt, aber auch bis 4 m. hohe dominirende kräftige Stämme an den oberen Jahrestrieben, 'mit Ausschluss der letzten oder der zwei letzten, in bald grösserer, bald geringerer Ausdehnung der Rinde beraubt sind. An einer anderen Waldesstelle hat die Röthelmaus an 1—1,5 m. hohen Schwarzkiefern weniger die Rinde benagt, als die Knospen weggefressen und in solcher Weise auch eine unter die Schwarzkiefern gemischte gewöhnliche Kiefer beschädigt." Die andere Mausespezies, arvalis, ringelte dagegen gründlich bis 1,5 m. hohe Schwarzkiefern in einer Pflanzung nahe über der Erde. — Eine Mittheilung aus Bordesholm, dass daselbst Schwarzkiefernreisighaufen stark von Mäusen (wohl von arvalis, da der Herr Oberförster Boden ausser dieser nur silvaticus daselbst hat feststellen können) geschält seien, beweist gleichfalls, dass wohl nur der spärliche Anbau dieser Kiefernart in unseren Gegenden, nicht aber ein Widerwille der beiden in Frage kommenden Mausespezies die Armuth der Mittheilungen begründet. — Von den Sendungen ist die aus Tronecken noch besonders zu erwähnen, von woher eine Schwarzkiefer mit glatt geschälter Spitze (glareolus) eingeliefert wurde.

Die noch folgenden Holzarten lassen sich nur schwierig vom wirthschaftlichen Gesichtspunkte des Mausefrasses behandeln. Sie gehören entweder nicht zu den bestandbildenden, kommen meist nur einzelständig in Mischung vor, oder werden von den Mäusen überhaupt nicht gern angenommen, oder nur von der einen oder anderen Art derselben, welche vielleicht an manchen Standorten der Pflanze nicht oder nicht entsprechend häufig lebt. So lassen sich denn auch die bezüglichen Angaben der Berichterstatter kaum einheitlich ordnen, obschon sich nicht wirkliche, wohl aber scheinbare Widersprüche in denselben finden. So heisst es aus Mühlenbeck: arvalis zeigt für Weichhölzer nicht die geringste Neigung; — aus Cladow: eingesprengte Weichhölzer sind gänzlich kahl geschält (glareolus); — aus Neuenheerse: Weichhölzer wurden höher hinauf als die Buchen, bis 1 m. hoch, benagt. Präcise Angaben, welche sich auf

Alter, Stärke, Standort, Menge der Pflanzen oder auf Höhe, Intensität, Eigenthümlichkeit des Frasses beziehen, finden sich nur vereinzelt. Doch sind noch manche Mittheilungen interessant genug, dass sie hier wieder gegeben werden, einzelne auch nicht gerade wirthschaftlich gänzlich ohne Bedeutung.

9. Aspe.

Im Revier Worbis wurden nach der Mittheilung des Herrn Oberförsters Habenicht im Mittelwalde Aspenstangen von 2—7 cm. Durchmesser bis zu einer Höhe von 2 m. von den Mäusen erklettert. Von hier aus nagten dieselben den Stangen bis in die äussersten Spitzen des Stammes und der Zweige die Rinde bis aufs Holz ab. Der Frass beschränkte sich jedoch auf die Oberseite der Triebe, so weit die Arbeit sich leicht von oben her ausführen liess. Das untere Ende der Stangen zeigte auf etwa 1,5 m. vom Boden, wohl wegen der zu starken Borke, keine Spur des Nagens. „Die geschälten weissen Spitzen, fügt derselbe hinzu, lassen indess auf weitere Entfernung die Frassplätze erkennen, auf welchen mitunter 10—15 Stangen in der vorgedachten Weise geschält, zusammen stehen. An einigen Exemplaren mit älteren Frassstellen waren frische Nagespuren, an die älteren anschliessend, stammabwärts erkennbar, und ist darnach anzunehmen, dass nach dem Verbrauch der oberen zarten Rindentheile der Frass auch auf die unteren Stammtheile übergehen wird. Auffallend ist hierbei, dass alle übrigen Holzarten, namentlich die hin und wieder zwischen den Aspen vorkommenden Sahlweiden von dieser Spezies Nager verschont bleiben." Diese Spezies wird nicht, wie Herr H. vermuthet, M. silvaticus, sondern A. glareolus sein, von der das Schälen der Aspen schon längst nachgewiesen ist. An arvalis ist nicht zu denken: Aspen zwischen durch arvalis benagten Buchen im Revier Fallingbostel blieben verschont. Wenn unter der Bezeichnung „Weichhölzer" aus Cladow und Neuenheerse in der vorhergehende Seite ge-

machten Bemerkung Aspen verstanden sind, so würden diese
Angaben sehr zu dieser aus Worbis passen. Im Uebrigen
bieten die Berichte über den Mausefrass an Aspe nichts
Näheres. Sie wird erwähnt aus Mackenzell, Liebenburg,
Frankenau, Abtshagen (hier als die fünfte von den Mäusen
angegriffene Holzart aufgeführt), aus Podrojen (hier als die
vierte), Greiben, Tapiau, Poggendorf, Königsthal, Altenplatow, Wiedeloh, Hofgeismar u. a. Mehrfach wird sie als
nur schwach, oder kaum von den Mäusen angenommen bezeichnet. Frassstücke sind eingesandt von Mackenzell, Padrojen, Kranichbruch, Peine und Bordesholm. Die Stücke
aus den drei letzt genannten Revieren tragen einen erheblichen Splintfrass an sich. Wir müssen für diese wohl von
glareolus absehen und agrestis beschuldigen. — Die Frassverwundung bildet bei der Weichheit des Bastes kein besonderes Dessin; oft, zumal bei stärkerer Rinde, bleiben
Baststellen stehen, oft aber ist bis auf das Holz alles glatt
abgenagt, dieses aber nicht mit angegriffen.

10. Sahlweide.

Da wiederholt in den Berichten nur allgemein „Weide"
erwähnt ist, so mag vielleicht nicht stets Salix caprea, aber
doch gewiss eine Baumweide verstanden sein. Einmal wird
eine andere Species, aurita, namhaft gemacht und aus
Wünnenberg ist fragilis eingesandt. Es möge für diese
Holzart die Aufzählung der Reviere, in denen sie beschädigt
ist, genügen. Einfach namhaft ist sie aus Lüchow, Coppenbrügge, Altenplatow, Hofgeismar, Jägerhof, Todenhausen,
Sillium, Greiben, Tapiau, Gauleden, Böddeken, als schwach
angegriffen aus Frankenau, Gramzow, Liebenburg, Drage,
Rendsburg, Barlohe, Büren, Tremsbüttel, aus Abtshagen als
vierte Holzart, aus Padrojen als fünfte, aus Kranichbruch
unter der Bemerkung aufgeführt, dass sie, soweit die saftige
Rinde reiche, geschält werde. Dieser glatte Schälfrass lässt
an glareolus als Thäter kaum zweifeln. — Eingesandt wurde
sie aus Johannisburg, Böddeken, Altenplatow, Todenhausen,

Grünhaus, Padrojen, Königsthal, Hadersleben, Seehausen, Peine, Kranichbruch und Elbrighausen. An den Frassstücken aus den beiden letzten Revieren war auch der Splint stark beknabbert, was jedenfalls auf eine andere Spezies, als auf glareolus, etwa agrestis, schliessen lässt. Im Uebrigen lässt sich über das Dessin der Nagewunden nichts besonderes sagen. Oft ist nur die äussere Rinde, wie abgeraspelt, zuweilen auch der Bast fleckig bis auf den Splint weggenommen. Aus Altenplatow ist ein 3 cm. im Durchmesser starker Stamm unten auf 10 cm. bis auf den Splint scharf und glatt früher geringelt und oberhalb dieser Ringelung auffällig verdickt.

11. Ahorn.

Ahornpflanzen werden nach früheren Erfahrungen fast eben so häufig als Eichen von amphibius unterirdisch abgeschnitten. Dieser Vernichtung sind anheimgefallen 15jährige Heister im Reviere Kirchditmold, auch 6- bis 8jährige Heister in Neuenkrakow (daselbst einzeln). Eingesandt wurden derartige Stücke nur aus Hainchen und Abtshagen. Ob auch die sonst als vom Maussefrass betroffen aufgeführten jungen Pflanzen, z. B. aus Abtshagen (Pflanzkamp), aus Buchwerder (alle Eichen-, Ahorn-, Rothbuchenkämpe), Kirchditmold (2jährige verschulte Pflanzen) u. a. durch amphibius vernichtet sind, lässt sich aus den Berichten nicht erkennen. Doch enthält eine Sendung Lohden vom Bergahorn, welche oberirdisch auf Spannenlänge stark angeknabbert (agrestis?) sind. Aus dem Revier Warnicken wird der Frass am Ahorn besonders hervorgehoben. In der Regel ist er als unerheblich dargestellt. Im Revier Rothehaus nimmt der Ahorn nach dem Berichte die dritte Stelle ein (Esche, Hainbuche, Ahorn, Rüster, Eiche), desgleichen in Altkrakow (Hainbuche, Buche, Ahorn, Eiche). In Wannfried blieb der Ahorn zwischen benagten Buchen und Hainbuchen verschont. Diese Angaben deuten entschieden auf eine andere schälende Mausespezies als **arvalis**; vielleicht wird agrestis diese Holzart vorziehen, oder wenigstens gern annehmen. Sonst wird der Ahorn noch aufgeführt aus Mackenzell, Worbis, Lohra, Lieben- burg, Drage, Kranichbruch, Altenplatow, Fritzen, Jägerhof, Weszkallen, jedoch nur einmal die Spezies Massholder und Spitzahorn und zweimal Bergahorn näher bezeichnet. Aus Gräfenhainchen erhielten wir von Massholder zwei 3 bis 2 cm. starken Frassstücke, das eine mit alter tiefer Rin- gelung, das andere, ein Zwiesel, sowohl mit unterer, als fleckweise mehrfach höherer Schälstelle. An diesen war Rinde und Bast völlig entfernt und auf der kahlen glatten Splintfläche griffen die Zähne auf kleinen Plätzen mit kurzen Zügen noch in den Splint.

12. Birke.

Die Birke hat noch weniger als der Ahorn vom Mause- frass zu leiden. Ob amphibius sie abschneidet, ist mir unbekannt. Wo sie in der Nähe oder gar zwischen von Mäusen befressenen Buchen oder anderen Hölzern stand, ist sie in Fallingbostel, Sand, Lüchow, Grünhaus gänzlich verschont geblieben; kaum wurde sie benagt in Brödlauken (soweit ihre Rinde braun war), kaum auch in Greiben, Tapiau, schwach in Elbringhausen, Neu-Sternberg, Königs- thal, vielleicht etwas mehr in Todenhausen; in Gauleden sind nur einzelne junge Pflanzen angegriffen; der Bericht aus Padrojen führt sie als die siebente der dort dem Mause- frass ausgesetzten Hölzer auf. Aus manchen dieser Reviere sind uns Repräsentanten dieser Beschädigungsobjecte ein- gesandt. Die aus Todenhausen waren fast solide mit oberer scharfer Ringelgrenze entrindet, der Splint zeigte sich eben- falls stark angegriffen, doch waren unregelmässige, zackige, langgezogene Bastinseln stehen geblieben; aus Padrojen war der Splint ebenfalls stark beknabbert, während aus Königs- thal nur schwach in denselben eingegriffen war; höher als 1 m. waren Birken aus Seehausen solide mit ein- zelnen Splintfleckchen der Rinde beraubt, und ähnlich schwächere Pflanzen aus Peine, jedoch kaum auf Finger-

länge splintfleckig geschält, Stücke aus Elbrighausen sogar auch an den Zweigen bis ins Holz angegriffen. Ein
Holzfrass, der zugleich ein gutes Klettervermögen von dem
Thäter voraussetzt, wird wohl nur von agrestis herrühren
können.

13. Erle.

Auch die Erle ist fast mausefrei. Aus Warnicken, Sand,
Lüchow, Abtshagen, woselbst neun verschiedene Holzarten
von den Mäusen benagt sind, Padrojen, Bordesholm, Brödlauken wird ausdrücklich die Erle als frei bezeichnet; genannt ist sie dagegen aus Weissewarte, Haste (Erlenstock-
ausschläge), Jägerhof, Uetze, Dedensen, aus Greiben als
kaum beschädigt, aus Tapiau wird Weiss- und Schwarzerle
genannt. Wegen der so verschiedenen Beschaffenheit der
Rinde dieser beiden Erlenspezies wäre eine Unterscheidung
derselben in den Berichten sehr erwünscht gewesen. An
Weisserlenlohden nagt tief unten agrestis mit annähernder
Sicherheit. Auf dieselbe Mausespezies sind ohne Zweifel
die eingesandten Frassstücke aus Haste (derbe geplätzt,
solide ins Holz eingreifend), die ähnlichen aus Börnichen
(Oberspreewald), sowie aus Weissewarte, obgleich von daher
2 arvalis mit eingeliefert wurden, u. a. zurückzuführen.
Auch trugen einige Lohden spannenlange, derbe ins Holz
greifende Verletzungen. Ausser diesen aber erhielten wir
auch derben amphibius-Erlenfrass aus Mehlauken und Benneckenstein.

14. Linde.

Die Linde wird, vielleicht wegen ihres zu faserigen
Bastes, der sich von kleinen Mausezähnchen wohl kaum
nagen lässt, noch weniger als die Erle von den Mäusen
bedroht. Aus Tapiau und Worbis wird sie aufgeführt, aus
Fritzen als nur schwach angenommen bezeichnet, aus Padrojen von Mausefrass gänzlich ausgeschlossen. Eine Unterscheidung beider Arten, der Sommer- und Winterlinde,

würde hier kaum einen Zweck haben, doch ist mit Tilia parvifolia ein Frassstück aus Seehausen bezeichnet, an dem die obere Rindenschicht so weit (30 cm.) abgenagt ist, als es sonst wohl nur selten vorkommen möchte. Auch aus Todenhausen und Peine liefen schwach verletzte Frassstücke ein. Ein bestimmtes Nagedessin tritt nicht auf. Die äussere Rinde erscheint einfach rauh abgeschabt. Dass M. silvaticus die Lindenfrüchte gern verzehrt, sogar nach ihnen hoch empor klettert, ist eine längst bekannte Thatsache. Ueber die muthmassliche rindennagende Spezies vermag ich keine näheren Angaben zu machen.

15. Rüster.

Auch die „Rüster" (die Arten sind nicht unterschieden) leidet kaum nennenswerth durch Mäuse. Auch hier wird wohl die Beschaffenheit der Rinde, die bei allen Arten, nicht bloss bei der Korkrüster, von korkiger Beschaffenheit ist, die Mäuse, denen zusagendere Pflanzen geboten werden, vom Angriffe abhalten. Aufgeführt wird sie aus Rothehaus (hier als vierte Holzart der Eiche vorangesetzt), dann aus Worbis, Altenplatow, Greiben, Königsthal u. a. an niedriger Stelle. Da ihre Rinde in der ersten Jugend, ähnlich wie auch bei der Linde, die den Mäusen unangenehme Beschaffenheit noch nicht besitzt, so werden sich diese, wie jene Fälle, zumeist wohl auf junge Pflanzen beziehen. Doch wurde uns aus Gräfenhainchen der untere 18 cm. im Durchmesser haltende Stammabschnitt einer Rüster, vielleicht Feldrüster, eingesandt, welcher auf etwa 20 cm. sehr scharf geringelt ist. Rinde und Bast ist völlig abgeschält und gegen 5 mm. lange Zahnzüge greifen noch stark in die äusserste Splintschicht hinein. Ein zweites ähnliches Stück ebendaher von 4,5 cm. Durchmesser trägt eine gleiche, oben bereits alte Verletzung. Der Eingriff der Zähne ist mir für arvalis zu kräftig und so möchte ich agrestis hier als Thäter vermuthen.

16. Hasel.

Ueber den Mausefrass an Hasel wird vorzugsweise aus den ostpreussischen Revieren berichtet. Es sind hier die Reviere Brödlauken, Fritzen, Warnicken, Greiben, Tapiau, Padrojen, Gauleden, besonders Leipen, in denen sie mehr oder weniger stark gelitten hat. Aber auch in anderen Revieren trat, zum Theil ebenfalls heftig, Mausefrass an der Hasel auf: aus Todenhausen wird ihr die zweite, aus Abtshagen die dritte, aus dem genannten Padrojen dagegen die sechste Stelle angewiesen, in Peine wurde sie in allen Jahrgängen angegriffen. Ausserdem ist sie benagt in den Revieren Lüchow, Dedensen, Todenhausen (Stockausschlag), Poggendorf, Poelsfeld, Scheuenhagen u. a. — Aus Mehlauken erhielten wir einen Stock mit 12 Schösslingen, der Stock ist äusserst stark von amphibius hohl abgenagt und jeder Schoss auf etwa 20 cm. Höhe mit zahlreichen Splintflecken geschält. Aehnlich sind 16 zu einem Stock gehörende Schösslinge aus Hadersleben benagt. Anderes Material von einem Durchmesser von 1 bis 3 cm. wurde aus Padrojen, Tapiau, Gräfenhainchen, Uetze, Seehausen, Peine u. a. eingesandt. Die Schärfe und das Bild des Frasses war stets ähnlich. Ich vermuthe agrestis als die schälende Spezies, vielleicht kommt nur ausnahmsweise auch arvalis und glareolus in Frage.

17. Hollunder.

Schon seit einigen Jahren ist mir ein höchst auffallender Mausefrass am gemeinen Hollunder (Sambucus nigra) bekannt, welchen ich beim Herrn v. Homeyer (Murchin, Vorpommern) antraf. Die höheren Stammtheile nebst Zweigen waren völlig weiss geschält und zwar ohne Verletzung des Holzes. Eine solche Frassweise an anderen Hölzern war mir von glareolus bekannt, und so sprach ich auch für diese glatte Entrindung diese Nagerspezies als den Thäter an. Diese Vermuthung hat sich jetzt bestätigt. Der Herr Forstmeister Beling (Seesen) nämlich schreibt mir: „ . . . Diese

Nagerspezies (glareolus) hat an verschiedenen Stellen in umfangreichen Feld- und Waldrand-Gebüschen die daselbst befindlichen Fliedern, Sambucus nigra L., in armdicken Stämmen von der Erde bis gegen die Spitze hin in diese Holzart geradezu vernichtender Weise weiss genagt und zwar mit Verschonung aller anderen an jenen Frassorten noch befindlichen zahlreichen Holzarten (genau so, wie in Murchin) dergestalt, dass lediglich das zerstreut zwischen dem anderen Gesträuch umherstehende Fliedergebüsch, dieses aber ausnahmslos und gründlich in einer Anzahl von 20 und mehr Stöcken weit in die Ferne scheinend heimgesucht worden ist, so dass hieraus auf eine ganz besondere Vorliebe der Röthelmaus für die Rinde von Sambucus nigra geschlossen werden darf. Dass sie der wirkliche und alleinige Urheber der gedachten Beschädigungen gewesen, liess sich schon aus der Art und Weise der Benagungen schliessen, ist aber durch Einfangen und Untersuchung des Mageninhalts einer Anzahl von Röthelmäusen (sowohl an Schwarzkiefern, wie) an Fliedern mit Bestimmtheit constatirt." — Ein ebenfalls sehr starker Hollunderfrass wird in den vorliegenden Berichten aus Neupfalz mitgetheilt und auch aus Mühlenbeck, Gramzow, Klütz, Wiedeloh und Königsthal (Sambucus racemosa) erwähnt unter mehrfachem Hervorheben der sehr auffälligen weissen Zweige. Alles deutet nur auf glareolus. Auch die aus Mühlenbeck, Klütz, Neuenkrug und Seehausen uns eingesandten Frasshölzer bestätigen einfach den glatten Rindenfrass der glareolus, welcher Frass sich an den Stücken aus Neuenkrug 2 bis 3 m. hoch hinauf erstreckt. Ein unterer 6 cm. starker Stammabschnitt aus letzterem Reviere ist 20 cm. hoch scharf geringelt und diese Fläche erst in der unteren Hälfte und später im oberen Theile geschält.

18. Eberesche.

Dieser Zierbaum des Waldes scheint dem Mausefrass nur in sehr geringem Grade ausgesetzt. Er wurde nach den Berichten in den Revieren Lüchow, Kranichbruch, Todenhausen (unter 11 Holzarten an achter Stelle), Peine, Drage (schwach), Fritzen (kaum) von den Mäusen benagt. Wir erhielten Frassstücke aus Todenhausen, Grünhaus, Seehausen und Peine. Der Durchmesser derselben schwankte zwischen 0,8 und 3 cm.; die Rinde und häufig auch fleckweise der Bast bis auf den Splint war abgenagt.

19. Elsbeere.

Diese zweite Sorbus-Art findet sich für eine genügende Klarstellung ihrer Gefährdung durch Mäuse zu wenig allgemein verbreitet und dort, wo sie vorkommt, zu vereinzelt. Sie wird als befressen nur aus den Revieren Todenhausen und Mackenzell (schwach) erwähnt. Wenn der Bericht aus Wannfried beide Sorbus ausdrücklich als verschont bezeichnet, so bemerkt derselbe gleichzeitig, dass ausser Buche und Hainbuche überhaupt keine andere Holzart benagt sei. Man darf daraus wohl folgern, dass daselbst einzig nur arvalis als Zerstörer auftrat.

20. Faulbaum.

Nachdem Beling schon vor drei Jahren den Frass der glareolus an dieser Holzart nachgewiesen hat, kann es auffallend erscheinen, dass ausser dem Revier Lüchow dieselbe nirgends angeführt ist. Die Röthelmaus scheint sie also nur ungern anzunehmen. Aus Fallingbostel wird berichtet, dass die zwischen jungen stark benagten Buchen stehenden Pflanzen intact geblieben seien. Hier hauste wiederum arvalis, welche den Faulbaum wohl nie angreift.

21. Weissdorn.

Aus Peine, Seehausen, Abtshagen, Wünnenberg und Hadersleben erhielten wir schwache, etwa fingerstarke Weissdornstämmchen, welche alle in derselben Weise, etwa in einer Ausdehnung von 5—8 cm. sich so benagt zeigten, dass weisse Splintfleckchen unter dem Baste frei gelegt waren. Am interessantesten ist von diesen die Gruppe von 10 Schösslingen, welche einem Stocke angehören, aus dem Revier Hadersleben.

Von den übrigen Holzarten seien hier nur noch genannt:

Stechpalme (aus Bordesholm, Barlohe, Wünnenberg u. a.) ebenfalls splintfleckig, zuweilen bis 1 m. hoch, zuweilen noch an den Zweigen benagt, die feineren derselben auch wohl abgebissen. Herr Oberförster Boden hat, wie anfangs bereits bemerkt, Mus silvaticus als Thäter constatirt.

Kirsche ist einmal (Todenhausen) in einem spitzauslaufenden Längsstreifen solide geschält.

Schwarzdorn, ein etwa 3 cm. starker Stamm, auf 6 cm. scharf bis auf den Splint geringelt.

Besenpfriem (Tronecken) solide in kleinen Rindenfleckchen geschält, und seine schwachen Ruthen zahlreich schräg abgeschnitten.

Spindelbaum von nur 0,5—1 cm. Durchmesser stellenweise bis auf den Splint glatt geschält (Seehausen U. M.).

Hartriegel, 1—2 cm. starke Stämmchen aus Peine, scharfrissig bis auf den Splint benagt.

Von den übrigen, Seite 21 namhaft gemachten Holzarten, welche nur ganz ausnahmsweise von den Mäusen benagt worden sind, wurden uns keine, oder nicht erwähnenswerthe Frassexemplare eingesandt, doch sei hier noch ein 0,8 cm. starkes Stämmchen der Heckenkirsche (Lonicera xylosteum) aus Seehausen erwähnt, welches an zwei Stellen etwa handhoch glatt bis auf den Splint geschält ist.

Kurzer Rückblick auf die Zerstörungsweise der einzelnen Mausearten.

Von den ächten Mäusen, Mus, kommt nur M. silvaticus in Betracht. Sie verzehrt eine grosse Menge Baumsämereien, klettert nach denselben auch wohl empor, zerstört aber auch Larven, Puppen, Gewürm. — Als Rindennager ist sie nur an jüngeren Eschen schädlich geworden, an denen sie bis mehre m. hoch emporsteigt und die Rinde in der Art schält, dass ein maschiges, häufig längliche Felderchen enthaltendes Bastnetz auf dem Splinte zurückbleibt. Auch an der Stechpalme hat sie genagt. M. agrarius ist nur einmal in den Verdacht eines schwachen Rindennagens an Esche gekommen.

Die Wühlmäuse, Arvicola, dagegen stellen vier Arten:

1. A. amphibius. Zum Thema dieser Abhandlung gehört diese Spezies weniger als ihre Verwandten. Ihr Auftreten und Erscheinen ist von den Ursachen, welche die in Rede stehende Calamität hervorgebracht haben, weniger abhängig; in verwüstender Massenvermehrung tritt sie nie auf; die Bedingungen für den Aufenthalt der „Mäuse" im Walde treffen für sie nicht zu; an dem Bilde der geographischen Verbreitung der Mäuse bei der in Rede stehenden Calamität nimmt sie keinen Antheil. Doch ist sie in den Angaben der Berichte über die Beschädigungsweise der Mäuse bald ausdrücklich hervorgehoben, bald verdeckt eingeschlossen, sowie auch die Frassstücksendungen so zahlreiche und interessante Objecte (aus 46 Revieren) enthielten, dass sie nicht ausgeschlossen werden konnte. — Sie lebt meist vereinzelt; ein einziges Individuum oder nur sehr wenige, etwa die einer Familie, richten auf eben so vereinzelten, wohl stets feldähnlichen Waldflächen (jüngeren Culturen oder Lohden- und Heisterpflanzungen) gar arge Zerstörungen an. Sie schneidet stets unterirdisch, die jüngeren Pflanzen nach einer Richtung hin glatt, stammwärts oft concav, stärkere in kräftigen Plätzen, die stärksten Wurzel auf Wurzel ab, und verzehrt die nach Fällung der Pflanze im Boden steckenden Theile, so dass man oft beim Nachgraben kaum ein oder anderes Wurzelstück mehr findet. Eiche und Ahorn scheint sie am liebsten anzunehmen, dann etwa Esche und Buche, verschont aber auch andere Holzarten (Fichte, Hainbuche, Erle, Hasel) nicht.

Höchst zerstörend wirkt sie in Rillensaaten, woselbst die Pflanzen oft in weiten Strecken fortlaufend abgeschnitten, auch durch Hohlstellen geschädigt werden. In hohem Grade schädlich kann sie auch in Pflanzungen werden, in denen in kurzer Zeit eine Menge von bis starker Heistergrösse abgeschnitten werden. Der Herr Oberförster Köhler (Nienburg), welcher gegen sie in einer Eichencultur scharf zu kämpfen hatte, bemerkt, dass sie sich auf dem festen Sand- oder Lehmboden nicht gefunden, sondern die humusreichen Partieen ausgewählt habe. Diese Beobachtung stimmt durchaus zu früheren. Nur ausnahmsweise benagt sie die stärkeren Pflanzen bis etwa handhoch oberirdisch.

2. A. arvalis. Abgesehen von der auch durch sie vorgenommenen Vernichtung der Waldsämereien steht sie der amphibius nahe. In lockerem humusreichem, oder in nicht sehr festem, aber freiem Boden macht auch sie sich unterirdische flachstreichende Gänge, von denen aus sie ausser Gras- und Krautwurzeln auch die jungen Holzpflanzen, jedoch mit stumpfconischem oder wenigstens unreinem Schnitte abschneidet. Sonst lebt sie niedrig am Boden in dem dichten Bodenüberzuge, ja klammert sich so sehr an denselben, dass Moospolster u. dergl. fast stets ihre Wechsel als deutliche Rinnen erkennen lassen. Sie nagt hier scharf ins Holz, ähnelt folglich auch in diesem Holzfrasse der amphibius, und scheint die Buche allen anderen Holzarten vorzuziehen, nimmt aber auch sehr gern die Hainbuche, schält sogar Kiefer und Schwarzkiefer. Man wird nur selten irren, wenn man einen scharfen oberirdischen, tief im Grase steckenden Frass ohne Weiteres dieser Art zuschreibt. Dass sie daselbst, zumal unter Schneedecke, die meisten ganz jungen Nadelhölzer abschneidet, um die Nadeln zu verzehren, ist oben mehrfach hervorgehoben.

3. A. glareolus. Als Samenzerstörer wirkt sie stärker, als Nager weit schwächer als arvalis. Sie wählt zartere, weichere Rinden und klettert nach solchen an den Pflanzen wohl hoch empor. Ihr nagender Zahn greift nicht oder

nur ganz unbedeudend ins Holz, und nimmt folglich die Rinde glatt, wie abgeschabt weg (so an Lärche, Hollunder, Weide, Aspe, Schwarzkiefer, Kiefer, deren Zweige dann weiss nackt emporstarren), oder er ritzt, wenn noch die untere Bastschicht haftet, diesen braunen Bastüberzug, aber nur diesen, feinrissig (so am Faulbaum). Nicht selten verzehrt sie auch Knospen; wenigstens ist solches bei Faulbaum, Kiefer, Schwarzkiefer constatirt. Sie ist keineswegs auf Weichhölzer, wohl aber auf feine dünne oder weiche Rinde beschränkt. Dass sie die jungen Hainbuchen gern annimmt, dürfte allgemein bekannt sein.

4. A. agrestis. Ueber diese, stellenweise in den Beständen gar nicht seltene und weit verbreitete Mauseart war in forstwissenschaftlicher Hinsicht bis jetzt kaum mehr wie nichts bekannt. Die Seite 30 namhaft gemachten Einsendungen dieser Spezies in Verbindung mit einem eigenthümlichen, von dem der forstlich biologisch bereits bekannten Arten abweichenden Frassbilde an so vielen verschiedenen Hölzern konnte nicht ohne berechtigte Schlussfolgerungen bleiben. Sie lebt zumeist verborgen am Boden, nagt hier schärfer als arvalis, so dass man zuweilen zweifelhaft sein kann, ob das Frassstück nicht etwa der amphibius angehöre, indem auch sie scharf und hohl, namentlich die Bnchen am Boden abschneidet; allein sie klettert auch, und setzt also, im Gegensatz von allen Verwandten, ihren scharfen, ins Holz greifenden Frass auch an glatten, senkrecht stehenden Stämmchen noch hoch hinauf fort. Eben hierin liegt in forstlicher Hinsicht ihre grösste Eigenthümlichkeit. In der Menge der Holzarten, welche von ihr angegriffen werden, wird sie mit arvalis wetteifern, die anderen Mäuse aber weit übertreffen.

Gegenmittel.

Zur Aufstellung zweckentsprechender Gegenmittel zur Bekämpfuug der schädlichen Mäuse im Walde lassen sich zunächst passend die Zeiten, in denen diese Feinde in normaler, geringer Anzahl in den Beständen auftreten, und jene, in denen sie durch ihre auffällige Vermehrung drohen, getrennt betrachten.

Gegenmittel in ruhigen Zeiten.

In den meisten Jahren treten die Mäuse in anscheinend geringer Anzahl in unseren Beständen auf. Jedoch auch in solchen Zeiten der Ruhe darf man sie nicht als durchaus harmlose Thierchen ansprechen. Zunächst wird wegen des verwachsenen und häufig unebenen, tausendfältige Schlupfwinkel bietenden Terrains, die vorhandene Menge sehr leicht unterschätzt. Die Untersuchung der Gewölle der Waldohreule (Strix otus) in meiner Heimath belehrte mich, dass Arvicola agrestis, welche ich daselbst für ziemlich selten zu halten geneigt war, ein ganz häufiger Nager sei. Wenn die Mäuse nicht durch abnorm ungünstige Witterung (S. 13) besonders stark gelitten haben, so leben sie an passenden Stellen in unseren Beständen in durchaus nicht so spärlicher Anzahl. Ihre Nahrung besteht (Seite 17) zumeist in Sämereien, wenn solche vorhanden sind; bei localem Auftreten derselben, ziehen sie sich aus der Umgebung dahin zusammen. A. arvalis verzehrt freilich gern die Graswurzeln, M. silvaticus nimmt manche thierischen Gegenstände. Ohne solche Nahrung wäre den Mäusen der beständige Aufenthalt im Walde unmöglich, da ja weite Waldesstrecken oft auf viele Jahre keinen Samen produciren. Waldsämereien aber bilden ihre eigentliche Nahrung. Die natürliche Besamung wird ganz ausserordentlich durch sie beschränkt. An den kleinsten Baumsämereien lässt sich das nicht constatiren, aber schon an den Hainbuchennüsschen erkennen und von diesen einen berechtigten Schluss auch auf die übrigen machen. Finden sich diese Nüsschen glatt gespalten am Boden, so war der Kernbeisser der Thäter; liegen sie zackig angebrochen in Menge zusammen unter den Samenbäumen, so hat das Eichhörnchen hier gehauset; sind sie aber einzeln zerstreut und angenagt, so können wir uns kein anderes Thier als Urheber denken, wie die Mäuse. Wie oft finden wir diese und andere Sämereien nicht in Mauseröhren zusammen getragen! Geben wir uns die Mühe, anhaltend und aufmerksam am Boden umherzusuchen, so werden wir uns von dem Einflusse der Mäuse sehr bald überzeugen, auch wenn keine einzige abgeschnittene oder geschälte Pflanze aufgefunden werden könnte. Die Samen nebst Wurzeln u. dergl. reichen als Nahrung für die in mässiger Anzahl vorhandenen Mäuse aus, so dass diese nicht gezwungen sind, ihre Zuflucht zu den harten Rinden zu nehmen.

Aus den vorstehend namhaft gemachten Thatsachen, dass auch in den sog. Zeiten der Ruhe, seltene Ausnahmsjahre abgerechnet, immerhin Mäuse in ziemlicher Menge vorhanden, dass sie in erster Linie auf Sämereien angewiesen sind und sich nach den Samenplätzen zusammenziehen, folgt die Nothwendigkeit des fortwährenden Schutzes der Aufbewahrungsorte von Eicheln und Bucheln, sowie auch der Saatkämpe. Hier sind sofort Isolirgräben (0,3 m. tief und ebenso breit, mit senkrechten, glatten Wänden) mit Falllöchern, eingelassenen Töpfen oder Drainröhren, welche die Grabensohle füllen, zu ziehen. Der Herr Oberförster Borgmann (Oberaula) fing in solchen mit 34 Töpfen versehenen Gräben, welche er zum Schutze der einjährigen Buchen- und einjährigen Eichensaatkämpe gezogen hatte, gegen 200 Mäuse, zu $\frac{2}{3}$ silvaticus, $\frac{1}{3}$ glareolus nebst wenigen arvalis. Herr Oberförster Gudovius ebensoviel nebst 8 Zieseln. Die Mäuse in den Falllöchern, bez. Töpfen oder Röhren leben kaum einige Stunden. — Gift zwischen die Eicheln und Bucheln zu legen ist nicht angebracht, weil die Mäuse lieber die zu schützenden Sämereien, namentlich Bucheln, als Phosphorpillen, Strychninweizen oder dergleichen annehmen. Zweckmässig ist es dagegen, solche Giftbrocken in die nahrungslosen Gräben zu bringen, falls Töpfe zum Einlassen nicht vorhanden sind, oder die Grabenwände nicht überall fest anstehen, wenn Laub und feines Reisig hineinweht, überhaupt, wenn sich Brücken zum Entkommen vorfinden oder leicht bilden.

Nicht allein wegen der fortwährenden Vernichtung so vieler Waldsämereien in unseren Beständen durch die Mäuse, sondern auch zur möglichsten Vorbauung einer verwüstenden Massenvermehrung bei für Mäuse besonders günstigen Witterungsverhältnissen, die ja immer eintreten können, muss der Forstschutzbeamte sich veranlasst sehen, beständig auf die Niederhaltung dieser Nager Bedacht zu nehmen.

Zu diesem Zwecke sind folgende Mittel zu empfehlen:

1) Schonung der Mausevertilger: der Raubsäugethiere (mit Ausnahme der Otter) und der Bussarde und Eulen. Die ersteren sind zu bekannt, als dass sie weiter genannt zu werden verdienten; doch möge auf die beiden kleinsten, das Hermelin und das Wiesel, ganz besonders aufmerksam gemacht werden. Die Nützlichkeit des Igels im Walde sei gleichfalls hier betont. Von allen mausefangenden Vögeln, Eulen, Bussarden, Thurmfalk, Weihen, halte ich auf Grund vieler Untersuchungen die ersten für die weitaus wirksamsten. Der Thurmfalk und die Weihen gehören als Mausejäger dem Walde nicht an, die Weihen vermeiden überhaupt den Wald und greifen höchstens auf grösseren Culturflächen mal eine Maus. Die Eulen dagegen sind ihrer ganzen Beschaffenheit und Lebensweise nach Säugethierfänger und alle, den Uhu und die kleinsten Spezies ausgenommen, die ärgsten Mausevertilger. Für den Forstmann kommen natürlich die Waldeulen, besonders Strix otus und aluco, am meisten in Betracht. Die Eulen sind so sehr Mausejäger, dass sich die Individuen einer Art bei lokal auftretender Mausemenge dorthin zusammenziehen, dort länger verweilen, ja wohl an solchen Oertlichkeiten in vielen Paaren brüten, obschon sie

sonst zu den Brutvögeln dieser Gegend nicht gehören. Letzteres ist besonders von der durchziehenden Sumpfohreule (Strix brachyotos) bekannt. Auch bei der hier in Rede stehenden letzten Mausecalamität war sie im zweitletzten Herbst (1878) und Winter allenthalben zu finden. Schon auf der Hühnerjagd stiess man sie aus Klee-, Lupinen-, Kartoffelfeldern, von Culturflächen u. dergl. in einem oder anderen Individuum heraus. Bei den späteren Treibjagden im Winter wurden wohl in einzelnen Treiben 15, 20, ja 30 Eulen aufgescheucht. Die Förster wussten überall von den vielen verschiedenen, von grossen und kleinen und hellen und dunklen Eulen zu erzählen. In dem Berichte aus Schöneiche (Breslau) theilt der Herr Oberförster Gudovius mit, dass im Frühherbst grosse Flüge der verschiedenen Eulenarten (welche, ausser brachyotos?) erschienen seien, und man bei Abhaltung der Hühnerjagd in Rüben- und Kartoffelfeldern von 10 bis 20 Morgen oft davon 40 bis 80 Stück herausstiess, ferner, dass im Januar bei einer Treibjagd aus einem etwa 30 Morgen grossen Eichenschlage an der Oder wohl mehr als 100 Eulen aufgescheucht seien. In der Literatur werden manche Fälle namhaft gemacht, wo Jemand in irgend einem Waldestheile auf wenigen Bäumen 20, 30 und mehr Waldohreulen (Strix otus) angetroffen habe. Ob auch jetzt dergleichen beobachtet wurde, ist mir nicht bekannt, jedoch bei der weiten Ausdehnung der Mausecalamität nicht wahrscheinlich. Auch blieben die verschiedenen Eulenarten unaufgeklärt, welche sich gezeigt haben. Im Revier Borntuchen jedoch wurde eine Sperbereule erlegt. Das Hauptcontingent wird einzig die Sumpfohreule gestellt haben. Dem sei jedoch, wie ihm wolle; die hohe Nützlichkeit der Eulen als Gegengewicht gegen die Mäuse geht aus den vorstehenden Daten unzweifelhaft hervor, wenn selbe nicht schon längst mehr als hinreichend bekannt wäre. Man schone daher stets die Eulen, und der Forstmann schone so lange wie möglich den hohlen Baum, in dem der Waldkauz

Altum, Unsere Mäuse.

5

sein Asyl aufgeschlagen hat. Der Waldkauz (Strix aluco) ist einer der schärfsten Mausevertilger.

2) Man verhindere möglichst die Entstehung der Lieblingsplätze für die Mäuse. Diese sind anfangs ausreichend bezeichnet als die mit dichtem Grase und Kräutern überzogenen Stellen. Man halte folglich besonders die Samenschläge möglichst dunkel, damit ein starker Graswuchs nicht entstehe.

3) Fortwährende Beunruhigung und Zerstörung solcher Lieblingsplätze, deren Entstehung sich wohl kaum je ganz verhindern lässt, wird von guter Wirkung sein. Je nach den Cultur- und Bestandesverhältnissen gehört dahin ein Aushüten derselben, oder Schweineeintrieb, wofür die allgemein auf Widerruf gegebene Erlaubniss manchem Förster sehr willkommen sein möchte. Besonders sind die Oertlichkeiten, in denen sich Mast zeigt, kurz vor dem Abfall des Samens auf diese Weise zu behandeln. Wird der Boden zur Aufnahme desselben vorher auch noch stark verwundet und dadurch ebenfalls die den Mäusen so sehr willkommene Bodendecke vernichtet, so muss der Erfolg um so sicherer sein.

Gegenmittel zur Zeit einer starken Vermehrung.

1. Schutz kleiner Flächen.

Die Gefahr einer den Wäldern drohenden Mausecalamität wird meistens schon zeitig, etwa aus dem massenhaften Auftreten von Mäusen auf den benachbarten Feldern, oder aus dem Vorhandensein einer wenngleich mässigen Anzahl in den Beständen, aber in Verbindung mit für die Vermehrung der Mäuse sehr günstigen Witterungsverhältnissen, erschlossen werden können. Diejenigen Verrichtungen, welche auch in ruhigen Zeiten zum Schutze der Stellen, an denen etwa Eicheln und Bucheln aufbewahrt werden, ausgeführt werden, sind alsbald zeitig auch für andere kleinere Flächen und zwar möglichst gründlich und sorgfältig vorzunehmen. Man schütze also die Saat- und Pflanz-Beete und -Kämpe durch

Isolirgräben, zumal dann, wenn man Beete etwa zum Schutze
gegen Auffrieren mit Deckreisig, Laubdecke u. ähnl. ver-
sehen und somit den schutzbedürftigen Mäusen sehr willkommene Verstecke, in denen sie möglichst viel ruiniren,
hergestellt hat. Auf solchen kleineren, fest umschriebenen
Flächen lässt sich auch ohne grosse anderweitige Gefahr mit
Gift gegen die Mäuse vorgehen. Der Herr Oberförster
Schaeffer (Buchwerder) schützte seine Kämpe durch Fanggräben, Töpfe und Gift. Am zweckmässigsten würde sich
wohl gefärbter Strychninweizen in horizontal am Boden
liegenden und mit feinen Reisern noch etwas verdeckten
Drainröhren verwenden lassen. Phosphorpillen sind nach
dem Berichte aus Liebenberg mit Erfolg in Saat- und Pflanzkämpen angewendet, Giftweizen im Saatfelde, nicht im Walde,
in Brödlauken u. s. w. Der Herr Oberförster Jasper (Lam-
springe) legt Gewicht darauf, die Vergiftung auch noch im
Frühlinge fortzusetzen. — Ein Fang der Mäuse mit einzelnen
Fallen lässt sich auch nur auf kleineren, zumal reinen Flächen
zur Ausführung bringen. Durch allerhand mögliche Köder
werden sie in gewöhnliche Hausmausfallen nicht leicht gelockt. Einige Revierverwalter haben deshalb in den Gärten
und Kämpen Steinfallen, sogenannte Studentenfallen, aufgestellt. Die kleinen hölzernen Cylinderfällchen mit Draht-
schlinge werden in die Mündungen der Röhren gesteckt
und machen so den Mäusen den Aus- und Eingang verhängnissvoll. Allein auf verwachsenem Boden muss die
Stelle einer jeden einzelnen durch einen Flock zum Wieder-
auffinden bezeichnet sein; zur Zeit der Calamität sind sämmtliche täglich zu revidiren und event. zu reinigen, und wieder
fängisch zu stellen. Auf grösseren Bestandesflächen wird
sich diese Arbeit schwerlich ausführen lassen. Doch an
Rändern, an mit Gras bewachsenen Grabenabhängen (Lauenau)
und ähnlichen Begrenzungen grosser Flächen sind auch
letztere durch Abfangen der von dort her einwandernden
oder sich zunächst festsetzenden Mäuse zu schützen.

5*

2. Schutz grösserer Samenflächen.

Die Ausführung der Freisaaten (Plätze-, Rillen-, Hackstreifen-, Vollsaat) ist zunächst nach den Seite 19 erwähnten Berichten bei drohender Mausegefahr stets im Frühlinge, nie im Herbste, vorzunehmen. Im Frühlinge sind die Mäuse in der Regel durch die vorangegangenen Witterungsverhältnisse mehr oder weniger gelichtet, zeigen sich ferner alsdann nicht wanderlustig, haften vielmehr, da sie schon früh zum ersten Mal Junge werfen, an ihrer Stelle. Die Herbstsaat dagegen lockt sie stark an, leidet während des ganzen Winters und wird in ihrem Reste auch noch im Frühlinge bedroht. — Jedoch die Naturherbstsaat, die Mast, lässt sich nicht verlegen. Vor derselben sind deshalb die betreffenden Flächen möglichst von den ärgsten Mauseverstecken, von wirrem Gestrüpp, Farnkräutern, hohem Grase u. ähnl., zu säubern und durch Eintreiben von Hornvieh oder Schweinen von den Mäusen zu befreien. Durchschneidungsgräben mit Falllöchern vermindern die Nager ebenfalls und schliesslich halten Isolirgräben an besonders bedrohten Stellen, zumal gegen die von Mäusen wimmelnden benachbarten Ackerflächen, eine nachträgliche Einwanderung ab. Eine solche wird auch schon wesentlich beschränkt durch starkes Abhüten der Grenze, Brechen der Schweine an den Rändern, überhaupt durch möglichste Beseitigung der die Mäuse anziehenden dichten Bodenüberzüge längs des Feldes. Ob sich ein allgemeines Grasmähen, ob sich noch Pflügen oder Eggen oder Hacken der Mastflächen empfiehlt, werden die lokalen Verhältnisse entscheiden. Mit Rücksicht auf Kosten, Zeitaufwand, Arbeitskräfte wird schwerlich jedes mögliche Schutzmittel angewendet werden können, aber das eine oder andere sich wohl stets ausführen lassen. Die gleiche Ausführung im Herbste ist aber auch zum Zweck des Schutzes der Frühjahrssaaten geboten, und dieselbe möglichst spät im Herbste vorzunehmen.

3. Schutz grösserer Bestandesflächen.

Zunächst trifft hier als Vorbauung gegen die Einwanderung der Mäuse dasselbe zu, wie eben vorhin zum Schutze der Samenflächen erwähnt. Säuberung der Grenze von verwachsenen Mauseverstecken, Abhüten, Brechen, event. Ziehen von Isolirgräben dient auch hier dem Zwecke. Als besonders gefährdend werden mit Kräutern, Brombeergebüsch, Dorngestrüpp u. ähnl. bewachsenen Stellen, etwa Grabenböschungen, bezeichnet. — Allein die Berichte geben ausser diesem Vorbauungsmittel auch noch Vertilgungsmittel an die Hand. Diese vereinigen sich allerdings in dem einen längst bekannten und seiner Zeit von Herrn Forstmeister Wiese (Greifswald) empfohlenen Auslegen von passendem Vorwurf, allein sie enthalten derartige Modificationen in der Ausführung nach den verschiedensten Seiten hin, dass der Forstschutz ohne Zweifel durch sie um eine neue Abhülfe bei einer Mausecalamität bereichert ist. Es ist constatirt, dass die Mäuse am Boden liegendes Reisig den stehenden Pflanzen derartig vorziehen, dass sie es auch dann annehmen, wenn stehende Pflanzen derselben Holzart kaum von ihnen berührt werden. Es ist folglich nicht nothwendig, in der Auswahl des Vorwurfes so ängstlich besorgt um eine bestimmte, vielleicht schwierig zu beschaffende Holzart zu sein. Jedenfalls ist die Mausespezies, um die es sich hier handelt, ganz besonders die nicht kletternde arvalis; allein diese ist für den wirthschaftlichen Betrieb auch die weitaus schädlichste, sie ist die eigentliche Buchenmaus. Doch mögen vorerst die betreffenden Stellen der vorliegenden Berichte hier folgen. Der aus Neuendorf theilt mit, dass in Haufen liegende Aspen, der aus Schleusingen, dass auf der Erde liegende Birken von den Mäusen stark angenommen seien. Aus Kranichbruch wird sogar berichtet, dass die obere Schicht der Birkenhaufen von den Mäusen völlig weiss geschält sei. In Böddeken haben dieselben die zahlreich am Boden liegenden Eichenäste von 3 bis 5 cm. Stärke stark benagt. Die Borkentheile lagen am Boden, der Bast wurde verzehrt. Im Revier Johannisburg sind am Boden liegende schwache Weiden und Aspen von den Mäusen vollständig entrindet. In Bordesholm war von der Feldmaus sogar in einem Schwarzkieferreisighaufen bedeutend gefressen. Die vorgenannten Holzarten, wie Aspe, Weide, Eiche, Birke, Schwarzkiefer sind solche, welche sonst von den Mäusen, bezw. von der Feldmaus kaum angenommen werden. Aus Peine berichtet der Herr Oberförster Goelitz, dass dort, wo die Verheerung durch die Mäuse besonders stark hervorgetreten, als bewährtes Abwehrmittel das Abhauen von Hainbuchenreiserholz und das zerstreute Umherlegen dieses Materials sich erwiesen habe. Die Mäuse haben dem ihnen dargebotenen, bequem zu erreichenden Futter massenweise sich zugewendet, dagegen die in der Nähe befindlichen Reiser und Stangen derselben Holzart, auch Stämme sonst gern angegriffener Holzarten, als Buchen, fast gänzlich unangetastet gelassen. Der Herr Oberförster Urff (Neuhaus, Frankfurt a. O.) kam auf Grund früherer Erfahrung über die Vorliebe der Mäuse für Hainbuchenausschlag auf den Einfall, die Hainbuchenstockausschläge, deren Entfernung aus der Buchenschonung ohnehin nothwendig war, abbuschen zu lassen und die Lohden auf dem Schlage zu vertheilen. Diese Massregel konnte er als von gutem Erfolge constatiren; die Mäuse benagten nunmehr die auf der Erde liegenden Hainbuchenlohden, welche sie bis dahin nur unten am Stamme erreichen konnten, vom Abhiebe bis zur äussersten Spitze und liessen dafür die Rothbuchenkernwüchse fernerhin meist unbenagt. Der Herr Oberförster Freiherr v. Huene (Homburg v. d. H.) berichtet, dass Weiden- und Aspen-Vorwüchse, welche schon beim Beginn des Winters abgebuscht waren, aber noch im Schlage gelagert hatten, total benagt waren, und schlägt vor, derartige Läuterungen planmässig vertheilen und rechtzeitig im Herbste vornehmen zu lassen, damit das Material, nicht etwa in Bündeln gebunden, sondern vereinzelt lagernd, als bevorzugtes Futter von den Mäusen angenommen

und dafür der Bestand verschont werde. Der Herr Oberförster Runnebaum hat die Beobachtung gemacht, dass in
den Lichtschlägen 8c, 9a, 15 des Schutzbezirkes Sonnenburg
in seinem Reviere (Freienwalde a. O.) das im Laufe des
Winters aufgearbeitete und in den Schlägen an den Wegen
aufgeschichtete Reisigholz von den Mäusen stark benagt
war. Die Mäuse waren sogar in die Haufen tief hinein-
gezogen, auch fast bis zur halben Höhe der Haufen (0,5 m.)
emporgestiegen. Er vermuthet in Folge dessen, dass bei
einem vorauszusehenden Mausefrass das Fällen und Auslegen
von Reisig in den Schonungen und Legen von Phosphorpillen, resp. vergiftetem Weizen unter dasselbe, wenn auch
nicht die Gefahr der Benagung des Aufwuchses beseitigt,
so doch ziemlich stark vermindert. Der Herr Oberförster
Boden (Bordesholm) hatte Hainbuche, Sahlweide, Hülse,
Vogelbeere, Faulbaum, Hasel und Erle in kleinen Reisig-
bündeln ausgelegt. „Hainbuche, Hülse, Sahlweide und
Vogelbeere wurden gern angenommen, von Faulbaum und
Hasel waren nur einige Haufen angefressen, die Erle war
streng gemieden. Die ausgelegten Reisigbündel hatten nur
bedingten Werth, weil man die Vertheilung derselben gleichmässig gemacht hatte, der Frass aber horstweise auftrat.
Es sind viele Haufen unberührt geblieben, weil Mäuse nicht
in die Nähe kamen; andere reichten für den gefrässigen
Nager nicht aus und vermochten deshalb nicht zu schützen.
Selbst Hainbuchenbündel blieben, wenngleich ganz vereinzelt,
neben befressenen Buchenlohden unberührt liegen." Schon
vor Einsendung des Fragebogens hatte der Herr Oberförster
Habenicht (Worbis) die Güte, seine Erfahrungen in dieser
Hinsicht mir mitzutheilen. Es war in seinem Revier eine
Anzahl Buchenreiserhaufen aufgeschichtet. Nachdem dieselben 6 bis 8 Wochen gelegen, zeigte sich der Boden bei
Freilegung der Plätze, soweit er bedeckt gewesen war, mit
den Hüllen der Buchenknospen völlig überschüttet. Das
auf einem Quadratmeter Fläche liegende Quantum konnte
auf einen Liter geschätzt werden. Stellenweise lag das

Schrot so angehäuft, dass man es mit voller Hand greifen konnte. „Es ist wohl keinem Zweifel unterworfen, schreibt Herr H. wörtlich, dass die inzwischen eingetretene erhebliche Verminderung des Frasses an Buchenjungwüchsen auf den Umstand zurückzuführen ist, dass den Mäusen anderweit in den Buchenknospen eine reichliche und mehr begehrte Nahrung geboten wurde. Jedenfalls kann dieses Gegenmittel als ein wirksames angesehen werden und nebenbei wird es in den meisten Fällen ohne Kostenaufwand sich anwenden lassen, da Nachhiebe in den Verjüngungsschlägen die beste Gelegenheit zur Gewinnung von Reiserholz bieten, und wo diese fehlen, Läuterungsschläge eingelegt werden können." — Das Auslegen von Vorwurf fand also auf dreierlei Weise statt. Reiser wurden zunächst gleichmässig über die ganze zu schützende Fläche vertheilt. In einer solchen Weise der Vertheilung bestand bisher überhaupt dieses Gegenmittel. Wir haben es so auf unserer Versuchsfläche im Lieper Revier angeordnet. Die ausgelegten Hainbuchen-, Aspen- und anderen Reiser fanden sich allerdings stark geschält, obgleich, zumal die Aspen, stärker vom Hasen als von der Feldmaus. Eine dadurch erzielte Ablenkung der Mäuse ist wohl nicht zu bezweifeln, aber auch nicht mehr, namentlich nicht die Vertilgung der Nager auf diese Weise zu erreichen. Das Auslegen und spätere Sammeln und Entfernen des Vorwurfes erfordert, wenn es sich um grössere Flächen handelt, immerhin ansehnliche Arbeit. Eine zweite Weise, kleinere Bündel von Reisholz auszulegen, ist von Herrn Oberförster Boden versucht und nicht bewährt gefunden. Es bietet dem gleichmässigen Vertheilen des Vorwurfes gegenüber kaum einen Vortheil, wohl aber Nachtheile. Die dritte Art dagegen, grosse Reiserhaufen an verschiedenen Stellen aufzuschichten, gewährt zunächst den Mäusen, zumal der Feldmaus, die ja hier in erster Linie steht, die stets so begierig angenommenen Schlupfwinkel. Wie bereits Seite 19 mitgetheilt wurde, hatten Feldmäuse unter Kiefernklobenhaufen auf unseren Leuenberger Wiesen

eine grosse Menge Kiefernzapfen zusammengetragen und sie
dann benagt. Nach solchen Verstecken ziehen sie sich zusammen und zwar um so mehr, wenn ihnen dieselben zugleich auch Nahrung bieten. Dass das aber bei Buchen-
reisighaufen wegen der sehr gern angenommenen starken
Knospen in hohem Grade der Fall ist, hat der Herr Oberförster Habenicht zufällig entdeckt. Eine Collection dieser
ausgefressenen und zerschroteten Buchenknospen ist der
biologischen Abtheilung unserer zoologischen akademischen
Sammlung einverleibt. Hier also werden die Mäuse con-
centrirt, hier lassen sie sich durch anderweitige Nahrung,
die dorthin gebracht würde, noch mehr fesseln, hier hinter-
her durch Isolirgräben mit Falllöchern oder eingelassenen
Töpfen vom übrigen Bestande völlig abschneiden und so
vernichten. Hier auf diesen kleinen, fest umschriebenen
Flächen lässt sich auch sehr praktisch mit Gift, Strychninweizen, Phosphor- oder Arsenikpasten, operiren, ohne dass
bei nur einiger Vorsicht die sonst so schwer vermeidlichen
anderweitigen Uebelstände zu befürchten wären. Eine Beunruhigung der übrigen Fläche, z. B. durch Vieheintrieb,
eine frühzeitige Entfernung anderweitiger verlockender
Schutzstellen, als Gestrüpp, hohes Gras, dicht stehendes
Farnkraut u. dergl. wird die Wirkung solcher Reiserhaufen
verstärken. Nach 6—8 Wochen würden Isolirgräben zu
ziehen, sofort beim Setzen der Haufen event. Gifte zu legen
sein. Nach Vernichtung der Insassen würde ein Versetzen
der Haufen in die nächste Nachbarschaft ihre Wirkung er-
neuern. Die früher oberen Reiser, deren Knospen noch
nicht oder doch weit schwächer ausgenagt waren, könnten
dann die unteren Lagen der Haufen bilden.

4. Schutz einzelner Pflanzen.

Sind Holzarten von den Mäusen oberirdisch bedroht,
welche nur vereinzelt in den Beständen gepflanzt werden,
so kann man dieselbe durch einen Anstrich schützen. Nach
den obigen Erörterungen über den Mausefrass an den ein-

zelnen Holzarten wird es sich hier vorzugsweise zunächst um Schutz der Esche gegen die kletternde Mus silvaticus handeln. Gegen diese ist im Gumbinner Revier Padrojen mit durchschlagendem Erfolge eiu Anstrich mit einer aus Wagenfett, Petroleum, Alaun und Talg bestehenden Composition ausgeführt. Auch ist ausserdem die Rosskastanie auf diese Weise geschützt. Schützt man sonst die einzelnen Eschenpflanzen gegen den fegenden Rehbock durch Umbinden von Dornen u. dergl., oder im Revier Zöckeritz durch einen Anstrich von Rindsblut, Kalk, Kuhmist und Schwefel und zwar letzteres nach Mittheilung des Herrn Oberförsters Brecher gleichfalls durchaus erfolgreich, so sollte dieses Mittel auch gegen die Mäuse nicht unberücksichtigt bleiben. Ein Anstrich gegen Mäuse und zwar ein Steinkohlentheeranstrich an gepflanzten Buchen ist auch in Schleswig-Holstein und zwar von Herrn Oberförster Wulff (Apenrade) ausgeführt, der sehr zur Nachahmung auffordert. Aus mir nicht ersichtlichen Gründen ist jedoch nur stets die eine Seite der Pflanzen und zwar vom Wurzelknoten bis etwa 15 cm. hoch getheert. Die Pflanzen wurden dann entweder gar nicht angegriffen, oder, wie zumeist, nur die ungetheerte Hälfte an denselben geschält und nur selten soweit in den getheerten Streifen hineingenagt, dass das Eingehen der Pflanzen zu befürchten steht. Auch hat der Herr Oberförster Kienast (Hadersleben) getheert. Die Theerstellen sind jedoch nicht stets völlig vermieden, auch die Pflanzen wohl mal oberhalb derselben von den Mäusen benagt. Ganze Bestände von Jungwüchsen lassen sich nun freilich nicht durch Anstrich schützen, allein für einzelne werthvolle etwa gepflanzte Hölzer oder besonders hoffnungsvolle Pflanzen des Buchenaufschlages sollte zur Zeit einer Massenvermehrung der Mäuse dieses Schutzmittel nicht unbeachtet bleiben. Die Mäuse werden ohne Zweifel von den getheerten Pflanzen abgelenkt werden.*)

---

*) Vergl. auch Danckelmann's Ztschr. für Forst- und Jagdwesen, 11. Jahrg. November-Heft Seite 293.

Schutz gegen die Mollmaus (Arvicola amphibius).

Obschon diese grösste Wühlmaus kaum als Waldthier bezeichnet werden kann, so hat der Forstmann, wie vorhin S. 59 angedeutet, doch oft arg von ihr zu leiden. In den vorliegenden Berichten wird sie wiederholt namhaft gemacht (zuweilen unter der Benennung „terrestris"), andere handeln indirect von ihr, indem sie Frassbeschädigungen schildern, die nur durch sie hervorgebracht werden können, während wiederum andere solche Zerstörungen anführen, welche sich nicht mit voller Sicherheit auf sie zurückführen lassen, sondern vielleicht auch der arvalis und namentlich der agrestis angehören können. — Dass man sie nach Auffindung ihrer Röhren in dort eingelassenen irdenen Töpfen, oder in den Maulwurfsklammerfallen fängt, dass man sie nach Freilegung einer Röhrenstelle von einem nahen Anstande durch Schuss zu beseitigen vermag (sie begibt sich nämlich, wenn sie sich in der Nähe befindet, oft schon sehr bald nach dieser Oeffnung), dass man ihr sehr wirksam durch in Sellerieknollen, auch Mohrrüben u. a. angebrachtes Gift entgegentreten kann, möchte bekannt sein. Durch Kammerjäger lässt man sie gar oft in Gärten und Feldern vernichten. In der Regel halten diese ihre Giftcompositionen unter Geheimniss. Ein ausführlicher Bericht des Herrn Oberförsters Köhler (Nienburg) über die in seinen Rabatten-Eichenpflanzungen hausenden Mollmäuse gibt auch zwei Recepte an, nach denen ein Kammerjäger dort Pasten in Grösse einer starken Kartoffel bereitet hat. Sie mögen hier folgen:

1. Reines Strychnin (Strychrum purum) . . .   6,0 g.
   Ein Brei aus Wurzeln, gekochten Kartoffeln,
       Weizenkörnern . . . . 400,0 g.
   Roggenmehl . . . . 800,0 g.
   Wasser q. s. (quantum satis) . . . . . . 300,0 g.

2. Weisser Arsenik . . . . 250,0 g.
Brei wie vorhin . . . . 650,0 g.
Roggenmehl . . . . 2000,0 g.
Wasser q. s. . . . . 1000,0 g.

Von der einen wie der anderen Mischung wird ein Pasta bereitet. Die letzte ist billiger und daher bei grösserem Bedarf vorzuziehen. — Die sämmtlichen Frassstellen wurden aufs sorgfältigste untersucht, die abgenagteu jungen Eichen entfernt, die Röhren bloss gelegt, in dieselben je eine kartoffelgrosse Pasta hineingebracht, dann die Oeffnung wieder bedeckt. Da sich nach dem Legen des Giftes (vom 3. bis 5. September) nach etwa 14 Tagen wiederum einzelne frisch genagte Plätze zeigten, so wurde am 19. September und zum dritten Male am 26. und 27. d. M. die Giftlegung wiederholt. Nach dieser Zeit hörte die Plage gänzlich auf. Die Kosten der Vertilgung in diesem Falle betrugen 90 Mark, die indess, bemerkt Herr Oberförster Köhler, nachdem er die Zusammensetzung der Giftvorlage in den dortigen Apotheken hatte ermitteln lassen, sich bedeutend verringern werden, wenn man die Mittel dort selbst anfertigen lässt. — Dieselbe Mischung wird sich auch gegen arvalis dort, wo man überhaupt gegen sie durch Gift vorgehen kann, (unter den Reiserhaufen, in den Fanggräben u. s. w., siehe oben) bewähren.